AMONEY 優財

經紀之歌

CHAPTER 01

激勵篇

CHAPTER 02

實戰篇

CHAPTER 03

營銷篇

CHAPTER 04

管理篇

推薦序

這是我第二次為潘志明出版的書寫序。《經紀之歌》一書的內容見証了地產代理的所見所聞，與及經紀做生意高低起跌的心情。這本書以阿潘作詞的《經紀之歌》作為書名，其中歌詞的第一句「不求名與利，何必做經紀」，最為人所認識，但我卻大表異議。雖說投身地產代理這行業的人多來自五湖四海，但不見得全部為名利而來。在我的認識中，有許多人不單視地產代理為一份賴以維生、養家糊口的職業，還視之為可終身投入的事業，他們敬業樂業，與時並進，不斷進修，為顧客找到安樂窩而滿足，並非只看名利得失。當然，也有人藉著經紀工作獲得名利，但終究只是鳳毛麟角，絕非大多數。

出生於六十年代的阿潘是一個典型的香港仔，也就是獅子山下，那些憑藉自我奮鬥，由基層逐步拾級而上的傳統香港人。這些奮鬥成功的人大致有三類：第一類是寒窗苦讀，最後晉身仕途，成為達官貴人；第二類人充滿幹勁，懂得掌握機遇向上流動，又長袖善舞，不斷擴闊人脈關係，最後成為打通上下階層的管理高層；第三類人有頭腦又有幹勁，雖然沒有讀太多的書，但最後白手興家，創業致富。阿潘是第幾類，當然是第二類，穩坐中原地產香港工商舖及澳門中原第一把交椅的人物，也說得上是有名有利的少數人。他這本書就是剖開肚皮，明明白白告訴讀者，如何才能像他那樣奮鬥成功。想偷師的人，你們有福了。

看阿潘的文章，很是過癮。他的文字，雅俗混雜，既有市井通俗的經紀口吻，調侃諷刺，抵死啜核；又滲入中國文學、歷史、兵法、管理學等，令人不得不佩服他見多識廣，尤其見盡許多地產經紀、買家、業主的光怪陸離。我建議有興趣入行的朋友，或是仍然浮浮沉沉，不知終日何所為的經紀，不妨細心閱讀，或者讀完後便恍然感悟，未來工作更加順暢無阻。

黃偉雄 中原地產亞太區主席及行政總裁

推薦序

本人與潘總（潘志明先生）之初次相識是在澳門房地產聯合商會的一次活動上碰面，大家惺惺相惜、一見如故，我們彼此對澳門房地產業的發展都十分關注，對地產代理行業更是充滿一份熱誠與執著，希望澳門地產代理行業發展愈趨專業；而隨著政府與業界的積極推動，一直「只聞樓梯響」的澳門地產代理發牌制度，雖然風雨飄移但終於在 2013 年正式立法通過實施，實為澳門房地產業界的一大進步。

我與潘總的關係及往來亦因這場革命而變得更密切，我們常說，澳門房地產業界的發展，尤其作為地產代理，不僅需要有發牌制度規範，且更重要的是業內從業員更應自覺提高自我要求，為業界建立健康形象，為消費者提供良好服務。而今次能為這位業界好友出版《經紀之歌》寫序，本人深感十分榮幸。

在《經紀之歌》一書裡，我們見証著種種人生百態，在名與利的世界裡，更反映到地產代理如何生存下去的親身經歷，並透過激勵、實戰、營銷及管理等四部曲全方位地刻劃出地產代理的生活寫照，撫慰著每一位地產代理從業員，儼如一本職場心靈雞湯。

同時，閱畢這本書後，我有種如沐春風「他鄉遇故知」感覺，潘總就是有這份能耐地把所見所聞，透過敏鋭的觀察，持平貼地的筆觸帶領著大眾進入地產代理的世界裡，在遊歷這間黃金屋中，我找到一份「認同」，與我的人生哲學不謀而合：（一）以客為尊；（二）以誠為本；（三）以勤為基。我與潘總也相信在人生規劃中，建立自己的理想及樹立正確人生觀，做事只要無愧於心，堅定信念，找到自己的定位，自強不息地切實執行，就能向成功的道路進發。

最後，請讓我引用我們國家主席習近平在 2017 元旦賀詞中摘錄一句話……「天上不會掉餡餅，努力奮鬥才能夢想成真。」與大家共勉！

吳在權
澳門房地產聯合商會會長

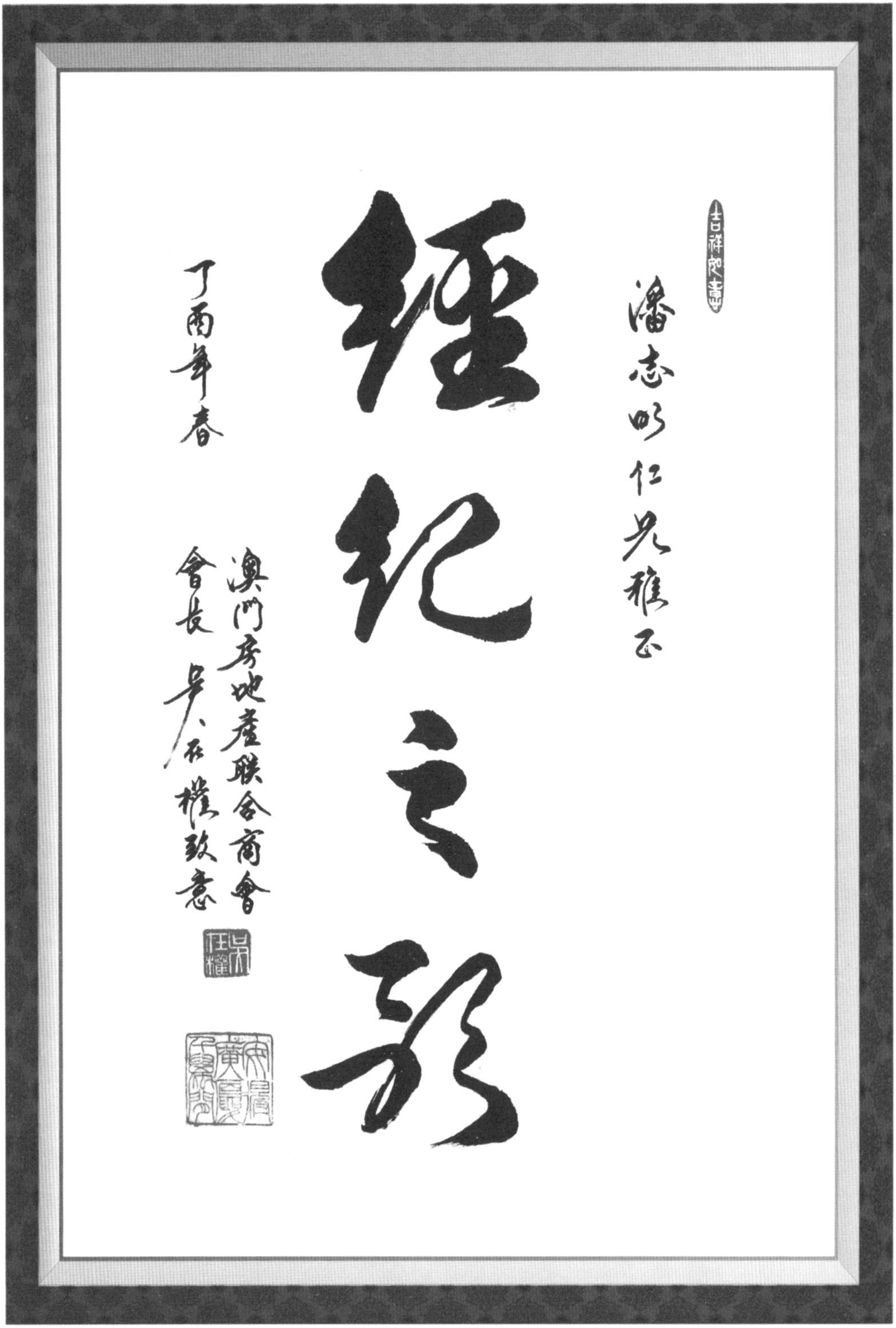
吉祥如意
潘志明仁兄雅正
丁酉年春
澳門房地產聯合商會
會長 吳在權致意
吳在權

推薦序

根據 EAA 於 2017 年八月底的統計資料，香港約有三萬八千多名地產經紀，相當於每二百個市民就有一個是地產代理從業員，佔就業人口逾百分之一，亦養活不少家庭，行頭不可謂不大，絕對稱得上是香港經濟支柱之一。

地產代理業既是服務性行業，服務客戶當然是第一要務，客戶可以說是經紀的「米飯班主」。而客戶可以是業主，亦可以是買家（或租客），站在買家（或租客）的角度看，會認為地產經紀的服務是「儘快替我找到最合適而又價錢最便宜的地方，而且事事為我著想」；而物業業主透過地產經紀放盤時，會認為地產經紀的服務是「在最短的時間內以最高的價錢售出我的物業。」

我相信大部分從事銷售的人員在職業生涯中，對於「顧客永遠是對的」這句俗話，都有不同體會。我作為發展商代表，同時亦是客戶身份，角色時常在兩種客戶之間互換，卻覺得這句話無論放諸買家（或租客）或業主身份上皆有其矛盾之處。顧客往往覺得經紀不需甚麼特殊技能，經紀做得到的，他都做得到，那麼如果顧客永遠是對的，為什麼我們還需要經紀？經紀的存在，正因為大部份客戶缺乏最新的市場資訊，亦缺乏廣闊的銷售網絡，哪如何可以儘快找到最適合自己而又便宜的地方？又如何可以最短時間及最高價售出自己的物業呢？顧客往往以為代理人是一個個體，而忽略了現今的代理人其實是一個站在最前線，能互換最新資訊的一個「組織」。

物業買賣中因有代理人的存在，大大加速了物業轉讓和租賃的速度，有助減低社會上房屋資源的閒置浪費，更深層更積極的意義是帶動經濟活動，促進社會上的資金流轉。試想想假若將地產代理這個行業從我們的經濟體系中抽走，各大小發展商只能靠自己的資訊和網絡去發展銷售渠道，更要自己培訓銷售員，要花多少時間掌握買家資料，去建構一個龐大的資料庫和培訓出足夠數量的經驗銷售員？同樣地，作為二手業主或買家（或租客），要花多少時間和究竟要用什麼方法才可以找出一個合適的對象呢？我只是想想都覺得頭痛！而現實中，卻很多客戶要求經紀在成功促成買賣後退佣金，並以肯退多少佣金來衡量應否委任那個經紀，這不只是剝削，這簡直是對經紀人的侮辱。

難得今天中原潘總找小弟為他的新書寫序，我就乘此機會借此小地盤向讀者們發一下牢騷，為全港代理兄弟姊妹們喊一聲冤，並借潘總曾説過的幾句話勉勵一下新加入此行業的新秀們：「只要做到沒有心理包袱，敢於放下身段，專注營銷，願意花時間和心思去拓展新客源，無懼直接面對客戶的刁鑽問題，便有機會取得佳績」，其實這亦是從事任何行業都應該持有的態度，小弟在此與大家互勉之。

黎裕宗　前發展商高層

推薦序

多走一步　發掘顧客真需求

現今營商環境競爭越趨激烈，經紀如何才能勝人一籌，在行內屹立不倒？一名優秀的經紀，往往比客人更清楚他自己的需求……看完以下的故事，你便會明白我說什麼。

天時暑熱，又是暑假時，城中最大的一家釣魚用品店，老闆決定搞一個比賽來刺激銷售，同時觀察員工的才能。老闆把旗下三名最得力的員工——阿炳、阿茂和阿潘喚來，宣佈比賽事宜：誰在該周末的銷售成績最佳，便可升任為董事總經理。

升職加薪誰不想？三名售貨員均極其落力，各出其謀。轉眼周末過去，老闆考察成績，發現三人的銷售額竟不相伯仲。那麼該如何判決誰勝誰負？老闆決定親自查問他們的推銷過程。

阿炳做了五十萬生意，他說：「有客人入到店內，想買十個最好的魚鈎，我便拿出店內最貴的魚鈎出來，每個五萬，進帳五十萬。」老闆聽後卻面無表情。

阿茂同樣做了五十萬元生意，他說：「那天有客人來到店裡買魚鈎，我跟他說，質素普通的魚鈎，隨時讓上鉤的魚走掉，何不買最靚的魚鈎？他對我介紹的靚鈎十分喜歡，一買便是十個，盛惠五十萬。」聽完，老闆開始面露微笑。

無獨有偶，阿潘亦做了五十萬生意，他彙報說：「有客人來先買了一個魚鈎，我說有了靚魚鈎，當然少不了靚魚餌和魚竿。閒聊時，我又說：『如果有艇仔出海垂釣就更妙。』客人心動起來，買了艘艇仔。我再說，用吉普車把艇仔拖到海邊最方便，結果客人透過我們公司訂購了吉普車。最後結算，合共五十萬元。」

老闆聽到開懷大笑，說：「大家應該向阿潘學習，客人本來只想買魚鈎，但最後卻買了魚餌、魚竿、艇仔和吉普車，進帳五十萬，這樣才是 up-selling（進階銷售），這樣才算 Top Sales。」

阿潘馬上回答：「老闆你搞錯了。」

考考你，阿潘說了什麼？

原來他說：「老闆你誤會了。客人本不是來買魚鈎，他只是入來問路。我提議說：『天氣這麼好，為何不去釣魚呢？』」

老闆拍掌叫好地說：「最優秀的 Sales，是客人不知自己要什麼，而你卻能夠把他的需要發掘出來。我宣佈阿潘晉升為董事總經理！」

相信大家也猜到，故事中的阿潘，便是與我相識十多年的潘志明先生。論到香港的工商舖代理界知識及創意，他認第二的話，我都想不到誰應該是第一。他不像阿炳，客人要什麼便給什麼；也不像阿茂，只懂硬銷最貴的貨品。他就像故事中的阿潘，在顧客知道自己的需求前，便能洞悉對方的真正需要，所以在業界永遠較別人領先一步，穩坐地產代理行（工商舖）及澳門一哥的地位。

正如潘總在《經紀之歌》所言：「打得爆行家，便是好經紀！」地產經紀行業競爭激烈，只做阿炳或阿茂是不足夠的。要贏，便要凡事多行一步。

蘋果教父喬布斯 Steve Jobs 的名言：「It's not the customers' job to know what they want.」要勝人一籌，必須學會洞悉客人的真正需求，甚至製造需求，這才是最高境界。希望大家閱畢此書後，受潘總活生生的例子所啟發，從而了解如何比別人多行一步，在經紀之路上跑得更遠更前。

李根興博士 盛滙商舖基金創辦人及行政總裁

自序：經紀之歌

我是在一九八七年十月加入地產代理行業的，踏入二零一七年便幹了三十年。

由未成立地產代理監管局，到需要領取S牌及E牌；由當一位新人參加培訓班做起，到創業開一人皮包公司，到結業後打工，再開公司，又再結業。見得最多的並非Top Sales，而是行內古靈精怪的怪現象。三十年來地產代理行業的生態環境變化很大，很難想像一般樓梯底經紀檔，大廈看更兼職的中間人行業，竟然可發展到有代理行上市，與及有代理集團進軍大陸，並發展到集團人數多達五萬人，每年佣金收入百幾億元。

地產代理面對的市場變幻莫測，要在行業生存，除了要具備專業知識，還需要通曉門路，適應不同時勢與人脈。雖然地產代理從業員在今天來説，社會地位不算很高，但仍有不少新丁毅然入行，與及仍在行內奮鬥著的一群，對行業不離不棄。究其原因，是一個又一個的致富神話，令人嚮往，覺得自己終究有一天也會獲幸運之神眷顧。為求達到目標，便要有所取捨。我在取錄試時常對見工者説，這個行業並非人人適合去做，時間長、假期少、收入不穩定、日曬雨淋，還經常要受氣，底薪連吃飯搭車也不夠，但這似乎沒有令面試者們卻步，反之更期望可以投身經紀，改寫一生。

二零一零年起，我把香港地產經紀的一套運作方法搬到澳門去，適逢澳門剛開始實施發牌制度及新樓花法，情況跟二十年前的香港差不多，令我回憶起早期入行的情景，與及事業過程的點滴。

那段時間寫了很多經紀培訓課程，除了較為人熟悉的「不死神功」，還有「逐鹿中原秘笈」、「不死神功二之創意無限」、「鋪位增值法」、「育英指南」和「我們都是這樣長大的」等等。

在一個回憶工作片段的晚上，因為酒精發揮作用而忽發奇想，寫下了《經紀之歌》：

不求名與利，何必做經紀；
縱使老豆有，也要靠自己。
白手興家業，由低處做起，
經過風和浪，何懼喜與悲。
有數莫招積，面係人家俾，
多行不義事，遲早都會死，
公司湊大你，盤單不能飛。
打得爆行家，便是好經紀！

因為是廣東方言，國內同事曾作如下翻譯：「老豆」是爸爸；「招積」是吹牛逼；「面是人家俾」，面子是別人給你的；「湊大你」是把你養大；「打得爆行家」是把行家幹掉。有了翻譯，就大致明白說甚麼了。「經紀之歌」並不是總結，只是一個段落的歷史，地產發展日新月異，資訊科技一日千里，只要一天有發展商起樓，一天有買家購買物業，地產代理行業便會生生不息，經紀之歌仍是會繼續唱下去。

期望各位讀者在看完拙作後，不嗇賜教。雖然文字帶點粗俗，卻道出多年來的心聲。在此謹祝在經紀行業奮鬥中的朋友們，事業平步青雲，生意得心應手。

激勵篇

CHAPTER 01

仍需爭氣

每當有新樓盤開售，發展商在地盤開放示範單位供有興趣人士參觀，傳媒鏡頭總喜歡捕捉經紀們亡命追車的一剎那，表面是關心經紀的安危，與及反映淡市急切開單的困境，其實骨子裏仍蔑視經紀謀生伎倆，及肆意踐踏地產代理的社會地位。

地產代理的發牌制度已推行了十多年，業內人士逐漸稱呼自己作專業人士，期望社會各界對地產經紀的看法改觀。可惜大部份人對所謂專業人士的認知，僅套用於律師、醫生及建築師等職業。不過經紀亦無必要因別人的目光而自慚形穢，社會上不少行業都需經歷長時間的蛻變才會受人尊重，重點是自己有否爭氣進步，小心愛護這個行業的名聲。

香港開埠初年的警察，大多聘請印度人擔任，當時華人對印度人不甚尊重，稱其為「亞差」及「大頭綠衣」。本地人當差者，形象亦不受歡迎，俗語說：「好仔唔當差」。到呂樂年代，由華探長牽頭貪污，警局上上下下攤分賄款，警察跟壞人在市民眼中只是衣著上有所不同而已。時至今日，李修賢的公僕，成龍大哥的警察故事深入民心。雖然警隊內部良莠不齊，整體形象已改進不少。

電視劇《七十二家房客》中，部份情節醜化消防員形象，例如有租客高呼：「有水有水，無水無水，有水放水，無水散水」，比喻消防隊要收到市民賄款才會引水救火。比起今天消防員捨身救人的偉大形象，實在有天壤之別。本地近十年的電影或電視劇如烈火雄心等集中宣揚消防員的高尚情操，鮮有揭露消防員負面的消息。

為了招聘人手，政府的宣傳短片都把消防員塑造成英雄人物，拯救市民，其實消防工作除了衝入火海之外，還有很多文職工作如檢查防火設備及核對相關證書等，經包裝後消防員形象全都成為神勇的烟帽隊了。

地產代理的「洗衣期」

當藝人為演藝事業奉獻半生努力，贏得社會大眾尊重，由戲子改稱為明星，由拍七日仙到登上國際舞台；由打跟斗的替身當上荷李活巨星，這一切都是爭氣爭回來的光彩。曾經有人形容演員舒淇，初出道時脱光衣服，經過不斷努力奮鬥，慢慢把衣服一件一件的穿回身上。她憑演技和毅力贏得觀眾及業界認同，擠身明星行列。中間的苦楚，當事人不知在鏡頭前哭訴過多少次。張國榮出道之初，於一場演出結束後，把戴着的帽子擲向觀眾，擺出有型的姿勢，豈料當時尚未成名的他，竟遭觀眾喝倒彩並擲回帽子上台以示不滿。後來紅遍香港的張國榮，有一次在一個清談節目中神氣地説道：「又扮女人，又唱又跳，你估咁易呀，你來試吧。」付出過努力，自然有勇氣反駁人家的挑剔。

專業與否，除了要求有特殊的技能，不斷努力，為行業爭光，還要通過嚴格的道德水平考驗，行為操守要成為眾人楷模，不能有失。所以做歌星的千萬不可吸毒，做演員的不能隨便拍裸照，否則要步上專業之路，便荊棘滿途。

很明顯地產代理仍然是處於「洗衣期」，社會大眾對經紀的印象仍停留在六十年代的差人及七十二家房客的消防員，尚未達到舒淇穿回衣服的境界。要爭氣，就不能再倒膠水進人家大門的鎖匙孔，不能再用貼紙海報胡亂貼在店鋪及寫字樓的鐵閘和玻璃門上，亦不能蹲在公司地鋪旁抽煙，更不要在辦公時間去休假打麻雀。

當地產代理確切知道自己的社會功能是甚麼，怎樣做才可贏得大眾認同，走向專業的道路才會平坦康莊。屆時報館可能會派狗仔隊追蹤經紀如何送訂給住在山頂的業主，幾經波折討價還價，只為完成電車男買樓迎娶港女的心願。萬一經紀在亡命追車中發生意外，特首如何帶同地監局總裁往醫院慰問，報章頭版報導地產經紀為市民服務，鞠躬盡瘁，充份表現出國際大都會的卓越精神。

經紀本色

從事協助樓宇買賣或租賃工作的中介人，在市場上有多個職銜，包括客戶經理、聯席董事、營業董事、物業顧問及談判員等。惟顧客及行外人常掛在嘴邊的「地產經紀」一稱，反沒人印在卡片上。或許有部份同業認為地產經紀的社會地位不高，希望借助其他名銜抬高身份，令自己心理上好過一些。

要找十個理由離開地產經紀行業，容易得很。多年來，隨着香港經濟浮沉起落，見證了物業市場的滄海桑田，地產經紀可謂飽嚐冷暖。地產代理行業有甚麼魔力令人甘願從事底薪僅得數千元的工作呢？

由穿著鱷魚恤、繫上廟街十元一條的真絲領呔，配襯全套G2000西裝開始，我每天努力地帶客「睇樓」，同時被上司「捽數」。經過多次被客人爽約、打電話遭客人掛斷、同事搶生意、被炒魷魚要轉公司等，不知不覺間我愈趨成熟。從此，我不再是純情的小伙子，終於感悟到成功必須忍受痛苦。我不再配戴八達通手錶，改戴瑞士名錶、在Brooks Brothers買恤衫、結Versace領呔、穿Armani西裝。你知道在社會上打滾，「輸人不能輸陣」，要攀登高峰，裡裡外外的求生裝備不能缺少。

香港富豪的傳奇故事，看完一本又一本，開場的背景可以是穿膠花、造風扇、車時裝，結局篇卻變成地產投資發展，殊途同歸。雖然我不是發展商或投資者，但我的命運已與他們緊靠在一起，有

在社會上打滾，「輸人不能輸陣」。

福同享，有難同當。在工作中愈接近成功人士，愈可以了解他人的思維。在成功者的脾性與手段背後，總有一套致勝功夫。我慶幸加入了地產行業，讓我近距離接觸成功人物，與他們建立工作關係。

地產經紀要有勇有謀

除了向成功人士作借鏡，同業的際遇亦對我自己有所警示。當年某位神童經紀在某置業公司工作，努力帶客人參觀豪宅，因緣際會下結識了城中富豪，後來憑個人的交際手腕，串連了一位又一位富豪，策劃了數宗大額物業成交，奠下他地產事業的發展根基。可惜神童下場慘淡，警惕後人切勿重蹈他縱慾瘋狂的覆轍。

香港可以由漁村發展成國際大都會，我相信我也可以由屋邨小子晉身為上市公司主席。成功的道路很漫長，起初是敲門、派傳單、貼海報，這些過程讓你摸清最基礎的市場營銷學問。學而後知不足，我要增進更多謀生知識與社交技巧，包括天文、地理、政治、軍事、文學、藝術、衣履、飲食等，以提升自己的素質和品味，務求和成功人士有共同話題，拉近距離。

在聰明的投資者面前，我可以擔任物業顧問，分析物業市場當前局勢，同時可以負責訂價及宣傳，一展營銷學問所長。當客人對我投下信心一票，委以重任，那就代表我已不再是當初只靠如簧之舌，盲目莽撞的新紮師兄，而是從十八銅人陣打出來，雙手烙上左龍右虎的正宗少林弟子。

做地產經紀，是有勇有謀的人才可以勝任；做地產經紀，要經過嚴格磨練及千挑萬選。我的親戚、朋友、同學問自己從事什麼行業時，你腦海飛快閃過一生追求卓越的艱苦片段，受盡白眼，鼻子不期然一酸。同時我以自己擠身香港最具挑戰性的行業為榮，我會挺一挺胸膛，英姿煥發的說一聲：「我是地產經紀！」

Set Goal 與立志

在入行之初，有位經理在開會時問同事們，如何才可以在行內成功？眾人低頭沉思，好像有千言萬語，卻不知從何說起。其中一人舉手作答：「首先要 Set Goal！」經理大表贊同，繼而問道：「那該怎樣 Set Goal？」，那人又答：「我要月入十萬，年薪過百。」各人均注視著答問的人，一些人投以羨慕的眼光，一些人表情卻似在說：「四眼仔，你得唔得呀？」

Set Goal 這個舉動及思維，在經紀行業或營銷行業尤為普遍。管理人要求營業員訂立努力目標作首要步驟，那應該訂個甚麼目標才對？營銷行業往往把目標專注在數字上，即是一個月營業員的營業額要多少呢？接著就是每個季度的成績，全年總成績及公司排名等。這也無可厚非，經紀行業出色與否，與營業額高低有關，而不是由年資長短取決。Set Goal意義深遠，就是在你訂了目標後如何朝著目標進發，當中經過連串行動，及爭取要達到心願的長期鬥爭，所以訂立目標不可以馬虎，起碼要有三個大原則：

一、Reasonable：要合理

二、Achievable：可做到

三、Challenging：有挑戰性

舉例來說，一個新人入行，懷著滿腔熱誠，以為做地產代理就是搵大錢，遍地黃金，訂個目標，每月賺一百萬，年薪過千萬，五年上岸。Well，有大志，好 Challenging，但新入行，未有客，盤亦未熟，難道搶 Phone In 會搶到三佰萬數？那就是不夠 Reasonable，亦不夠 Achievable。又如果一個有十年資歷，有老婆仔女的老 sales，訂立的目標是每月生意額六萬八，達到公司標準目標的底線，即平均一年八十多萬生意額，完全 Achievable；不過，連精英會都入不到，唔夠 Challenging，收入亦無顧及仔女及家庭未來開支，唔係好 Reasonable。

訂立目標，應該要循序漸進，讓自己要有增長。當然，目標不單止淨講錢咁膚淺，還需要有人生不同階段的需求，由基層渴望的四仔政策，買架車仔、起間屋仔、娶個老婆仔、生個肥仔；至馬斯洛所說的需求金字塔，由安全感、朋友認同、社會地位，一直到最高的自我理念實踐，每隔一段時間，人生便有不同的需求，目標也會因應環境而調節。

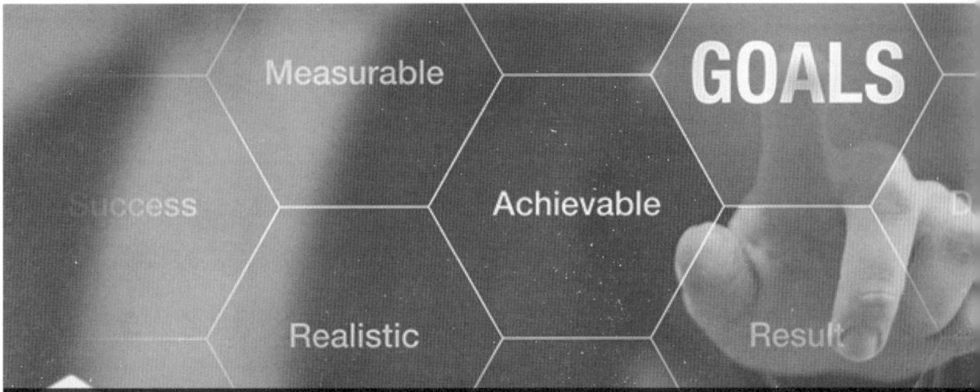

訂了目標後要朝著目標進發

立志的重要性

中國人傳統講立志，做人要立定志向，「志不立，天下無可成之事」。以前講立志最多的一定是讀書人，為了應付科舉考試，希望十年寒窗苦讀，一舉成名，撈不到狀元榜眼探花，都拈個芝麻綠豆小官做，衣錦還鄉。耕田的人就很少立志，更不懂 Set Goal，如何爭取做全省 Top Ten 出產量之最。

「立志」字面看不到半點銅臭味道，它不是講年薪多少，排名先後；立志很明顯是要自己知道人生追求的目標是甚麼，講願景。毛澤東青少年時期正值民國初年，接觸的是列強侵佔中國土地及利益，他在求學時期，在湖南長沙師範大學，已與同窗書友仔講志向，他說立志不單止是口講，要書寫出來，告訴所有人；然後再反覆思考，堅決要達到目標。如此咬牙切齒的立志，形成一種堅毅不拔的力量，足以克服任何困難，做到遇佛殺佛的效果，共產新中國亦由此而逐步建立。

新時代的人很少談立志，只懂學鬼佬的 Set Goal、Set Target、談 Vision，有時翻開中國的歷史書或小說看看，頗有啟發。早前「赤壁」熱潮，有兩則三國的小插曲很有趣味。話說劉備早年未彈起之時，在荊州依附劉表，幾年都無甚功績，亦不受重用。有一次飲宴途中，劉備去完廁所回來，感觸落淚；雖然劉備成日都喊，但人家也慰問一番。劉備說是除褲去廁所時突然發覺大脾兩側生出了很多肥肉，是因為少了騎馬征戰所致，想起自己四十多歲，仍未有事業，未能匡扶漢室，於是流下淚來。立了大志的人，會為自己志向未遂而流淚，我卻從未見過經紀做年終評核時因全年未能達標而哭泣。

另一則是關於曹操，雖然曹操年青時是壞孩子一名，經常結黨鬧事，但成年後從軍，一心建功立業。早期挽救漢室危難，後期挾天子令諸侯，立志統一中國四分五裂之情況。中途當然波折重重，但他從無氣餒，縱有多次大戰失敗，總是賦詩作詞以咏志，在當時傳誦很廣，人家明瞭他的志向，自己又可勉勵自己，一舉兩得。最出名有一首講述自己踏入壯年仍未統一天下的唏噓，詞名龜雖壽：「神龜雖壽，猶有竟時。騰蛇乘霧，終為土灰。老驥伏櫪，志在千里。烈士暮年，壯心不已。盈縮之期，不但在天；養怡之福，可得永年。幸甚至哉，歌以咏志。」

作為一個營業員、管理人甚或老闆，如果仍未夠勇氣向大家宣讀自己的目標、志向，恐怕立志的決心未達水平，要多向毛澤東、劉備和曹操學習了。

從粗淺到高深

華爾街神話破滅，領導市場的運作機制站不住腳，傳統的成功信念基礎崩潰，從今天起大家都要改變以扭轉命運。

地產代理經歷三十多年發展，漸漸發展出完善的監管制度，市場亦出現具規模的上司公司，行業不斷成長。隨地產代理行業迅速發展，愈來愈多人投身行業中，保守估計，至現時已發出逾三萬多個地產代理牌照，而分行更如連鎖便利店般密集。然而，當市場成交萎縮，前線經紀率先成為犧牲品，公司惟有以美其名為「優化」，實則裁減個別冗員。

優化即去除劣質成份，而為何當初要聘請劣質同事呢？相信因為經紀同事底薪僅數千元，管理層希望以規模壓過對手，故招攬大量質素參差的經紀同事，根基較薄弱的營業員惟有自求多福。經紀業績每月結算，主管時被老闆「捽數」，主管繼而向經紀「捽數」，最後經紀奮力要達至目標。如果單靠「捽數」就可以達到高業績，那所有營銷理論及市場概念豈不是要丟進垃圾筒？

以地產代理作為終身職業的人比只為賺快錢的人少得多，而大多只為賺快錢的經紀都固執保守。該類經紀寧願花時間在街上找買家及派傳單，只求僥倖地遇上一位客人會衝動購買物業。若嘗得一次僥倖，該經紀會更樂此不疲，認為自己的做法是成功法則。

專業不等於好生意

根據市場營銷學，客人每次的購買都存在一定因素。有環境因素如經濟、政治、文化及法律等，不同機構所提供的訊息均會影響購買者的決定。作出購買行為的組織亦會受自身的多項因素影響，如組織的氣氛、文化、目標、任務、經濟及技術等；再落到決定購買的小組上，小組的地位、任務、成員特點等的因素；最後是決策參與者的職務、個性、經歷、動機等。通過一連串步驟與過程，一項購買決策才算完成。當然也有些簡單的理論，把消費者購買決策過程簡化成五個階段，即認知需求、搜集信息、評價選擇、購買決策及購後行為。經紀可以在每個階段提供服務，並進行說服客人的工作。

一個推銷訊息如何傳遞到顧客手中，所謂的顧客，究竟是使用者、決定者、影響者、購買者還是監督者呢？任何推銷，如果產品只抽象地停留在客戶腦海中，像把資料傳真到公司總機、派傳單到接待處或途人手中，而由始至終不曾取得關鍵人物的正面溝通，那麼成功的機會將極低。

近十年地產代理常以專業包裝自己，其中有一間代理行更透過廣告，讓顧客知道該公司聘請不少大學生職員，打造公司為專業代理，可惜該公司業績一般。亦有公司刊登成績傑出的員工的型格造型照於報紙，標榜他們是專業顧問。有些代理長期從事單一類別的物業，對產品知識瞭如指掌，活躍客戶名稱背誦如流，但成績卻強差人意。所以結論是專業代理的業績不一定好，業績好的人亦不一定專業。

每一間公司對專業的解釋各異，最重要向員工教授謀生技巧。除了最終的優化計劃，平常也要向業績較差的同事施予援手。在面對大時代的改變下，公司一定要反思過往成功的因素，重新檢視未來的生存法則。縱使從前粗淺地成功，往後更應高深地專業，雖然專業不等同好生意，但專業永遠是專業。

提升與增值

面對逆境，大家都要自我增值，加強競爭力，才可以保住飯碗，不至被海嘯吞噬。可是當危機出現時，才報讀各類進修課程，恐怕尚未畢業，已經要申領綜援渡日了。

經紀行業向來充滿競爭，每天都要奮勇作戰，不論旺市或淡市，成交量都不足以令人人有單開。所以同事要不斷進步，戰勝對手，才具備存活的資格。中外都有不少理論，如日本人的五常法（常組織、常整頓、常清潔、常規範及常自律）及TQM(Total Quality Management)，都指出不斷改進是達致目標的最佳方法。此外，有一派戰略性管理，把工作計劃提升到打仗的境界，追求慎重部署，披甲殺敵，皆是希望喚醒大家，商場如戰場，要保存生命，要爭雄取勝，必需常存改善自己的心態，常作自我檢討。

一位集團前輩曾講述有關地產經紀「打街霸」的起源。於一九九七年亞洲金融風暴後，樓市淡靜，發展商為求促銷，又不欲增聘營業部人手，於是要作新嘗試，希望以高佣金鼓動經紀同事積極工作。公司開始時並無完善規劃，經紀帶客人進入售樓處簽名買樓後，公司便支付佣金。早期所有高層主管及前線經紀等都沒有經驗，沒有計劃，只好逐位客人試。叔父以深圳丐幫的乞討技巧為例，包括聯檢大樓旁邊的士站排隊的人最疏爽，其二為乞丐抓住有美女在旁的男士不放會容易得手。其三為哭著説自己兩天沒吃飯至少拿到兩塊錢。其四為用邋遢的手拉扯衣著光鮮的女人較易討錢。其五，殘障但能追人的乞兒業績最平穩。如是者公司掌握了丐幫開單的竅門，不斷開新隊伍。

叔父的舉例解釋了早期打一手市場的街霸現象，亦示範了不斷改進，找尋最好方法的過程。其實在日常工作中，每一項工作皆有提升水準的空間，惟大家因循守舊，任由成本及資源白白浪費。如看報紙經常刊登全版廣告，一支大錦旗印著大勝，全體人員高舉勝利手勢的廣告，已經多年沿用。其實該廣告中的樓盤根本尚未開售，哪來大勝呢？原來尚有一行細字在底部寫上預祝字句，買家卻以為這家代理最厲害，選擇光顧此代理公司。

心態改變行為

相類似的情況亦在報紙地產廣告中出現，形容物業的字詞了無新意。形容舖位必定叫旺舖，哪怕該舖在沙頭角，海景必然是無敵

一切提升及增值的起源，皆由心態開始。

的，機會一定是難求的，交通一律是方便的，人流全部是如鯽的，大堂通通是豪華的，售價則是要面議的。廣告支出是成本重要的一環，亦是經紀銷售的重要渠道。惟在整體廣告策劃上，公司少有定期檢討成效。

與其遠水不能救近火，不如大興辦公室政治，殊不知辦公室政治遊戲又大有文章。首先同事要有本事，最好有一兩項特殊技能，或與數位大客有親密關係，令其他同事無法取代你的地位。

另外要負責管理公司的重要資料或訊息，令公司對你產生倚賴。當然少不了要在公司有強大的關係網絡，令上司下屬都支持你。公司資源及職位有限，升職機會更有限，即使擦鞋也要選有勢力的人，切勿浪費口水擦錯鞋。其實辦公室政治不一定是負面，若能控制得宜，反而會令運作更暢順。不過功力未到家的同事，容易引火自焚，所以奉勸各位切勿胡亂模仿。

簡單一點，先不談發奮讀書進修，要提升自己，不妨從早上起床開始，嚴守律己精神，定時做運動，提升健康質素。工作方面，要檢討每個工作步驟，找尋更有效的工作模式。個人方面，要積極面對自己的弱點，進行持續性的改善。一切提升及增值的起源，皆由心態開始，心態改變行為，行為養成習慣，習慣決定成績，成績改寫命運。

有才華的窮人

在不同行業裡，總有一小撮人，自命不凡，目空一切，但論成就則乏善足陳，批評別人卻又狠辣有力。像這樣一類有才華的窮人，既矚目亦可笑。

大部份地產經紀均擁有如簧之舌，懂外形包裝，思考敏捷。個別同事驕傲自滿，甚至譏笑非經紀的同輩工作。做人有自信原是好事，不過若然控制失調，只會變得剛愎自用，令自己成為悲劇的主角。

有一類經紀於會議時廣發意見，指出他人錯誤或補充資料的不足，姿態上一派君臨天下，睥睨眾生。沒有人質疑他的見識，會議主持者亦被搶白得一臉尷尬。然而，中國人只尊敬謙謙君子，欣賞內斂之人，縱使你才高八斗，也難保不會像楊修遇上曹操的下場，最終在公司中眾叛親離。

另外有經紀不時對同事指手劃腳，分析形勢説這樣不好、那樣不對。即使別人做出成績，既沒有道賀欣賞，又反譏諷別人走運。偏偏被他嘲笑的同事，成績往往比他好。這類經紀從不反思別人成功的原因，僅推諉自己時運不濟。長此下去他臭名遠播，無人願意合作或作資訊交流，事業生涯走下坡。

還有一種經紀長期活在歷史裡，常指新世代的工作能力欠佳，質素一蟹不如一蟹。其實這類同事追不上時代步伐，只懂緬懷過去，孤芳自賞，墮進被淘汰的邊緣而不自知。「老古董」在公司偶然可調劑緊張的工作氣氛，惟公司未必會委以重任或寄予厚望。

有生意才是關鍵

說穿了，所謂的才華根本並非才華，只是行家工作的三數道板斧。要在江湖上立足，必然懂一點功夫。你以為自己的一套功夫可號令天下，殊不知大家踏踏實實的工作，功力比你更高。

情況有如維園亞伯挑戰立法會議員，大咧咧地說：「電視台的咪高峰千萬不要拿開，大家齊齊聽我教訓！」在另一個鏡頭下，相信嘉賓席上的議員心想：「教老豆生仔。」

畢竟經紀行業是最現實的，有否才華並不重要，有否生意才是關鍵。經常上台領獎的 Top Sales，有些是呆頭呆腦的肥師奶，或是笨拙的小伙子。他們靠一股傻氣，努力不懈地工作，心無雜念，不為些微成績而自滿，忘記去年得獎的興奮，繼續耕耘新的一年。

如果閣下仍覺得自己才華橫溢，或者覺得文中在影射你，不好意思，原來你才是「豬兜」。

總有你獎勵

經紀行業最愛設立獎勵計劃，每月、每季、半年及全年均有額外獎賞。管理層每逢年初及年末便要花腦筋推出五花八門的獎賞，諸如旅行套票、新款手機、現金等，再配以傳統的圓桌會藉、精英會藉及金銀獎盃等，務求刺激營業員傾盡全力為公司爭取佳績。小組主管也「為善不甘後人」，自訂開單獎及鮑魚海鮮獎等。獎賞名目極多，多設獎賞與取得高營業額彷彿被劃上等號，中國名句「重賞之下必有勇夫」成為主流思想，同事成績不好便歸咎獎賞不足。

經紀行業底薪僅數千元是公開的秘密，令從業員獲得溫飽要靠佣金，故此佣金制度其實是最有力的激勵，理應比任何獎賞更具威力。有些經紀行走火入魔，一心想羅致金牌經紀支撐公司營業額，將拆佣比例提高至五至六成，甚至招收自由工作者掛單，拆佣竟達七至八成，破壞公司和僱員相互關係的生態環境。

一旦經濟低迷成交萎縮，員工能達到營業目標可獲不扣減人工及免被裁員；完成基本工作及不遲到早退，可減少收公司警告信，此亦是一種激勵方法。獎賞多寡並非影響營業額高低的唯一因素，其他工作項目亦十分重要。團隊主管用心了解同事需要，協助他們滿足不同需求，能令員工產生強大的向心力，達至長遠效益。

談論有關激勵員工士氣的書籍繁多，其中以馬斯洛的需求層次理論最為人熟知。馬斯洛認為人的需求大至可分為五個層次，當滿足到最低層次的需求後，便會向更高層次進發，並且會不斷提升需求層次，當跳上了另一層次，之前較低層的需求便不再具激勵作用。

生理需求諸如溫飽及擁安居之所屬最基本需要，再進一層次，就是追求穩定及安心的工作環境。活在香港，平凡人要滿足這兩項基本需求不易，經紀底薪僅數千元，根本不足以獲得溫飽及居所。故制訂低底薪策略其實是激勵計劃之一，激勵員工必須努力跑數才可保住工作，改善生活。

時刻保持鬥心

員工滿足到基本需求後，便尋求於工作團隊的歸屬感，得到同事關心及享受聯誼之樂。經過一番磨合，到自己覺得略有成績，便渴望得到別人的尊重及認同。此時單憑五百元開單利是已無甚吸引力，卡片上至少要加上精英會的圖騰，職銜也要提升至「聯席董事」。更高層次就是自我挑戰，務求盡顯個人卓越才能，至此階段要靠個人信念才能起激勵作用。

雖然很多學者不完全認同馬斯洛的理論，但起碼可以分辨出激勵的類別，用金錢為餌吸引經紀滿足基本生活需求，提供旅遊及假期改善生活質素，以精英分子組織讓同事產生優越感，晉升職級並讓傑出員工見報，提升同事在業內的知名度及地位，每項激勵及獎賞都卓有成效。然而，有經紀無論在任何激勵方法前都不為所動。論錢財，他依賴底薪已能過活；論升職，他説不追求升職。這批半紅不黑的低業績營業員為數不少，如何激勵他們提升功力，是公司轉虧為盈，改善盈利的關鍵工作。

任何增長都要一點一滴累積，要先讓初階員工嚐嚐小成功的滋味，再逐步提高要求。用全年最佳營業員獎的榮耀去引誘一個平均數達三萬元的經紀，並不具激勵作用，反而令人產生高不可攀的沮喪，這是期望理論的説法。在期望的過程中，員工要認為自己付出

經紀行業最愛設立獎勵計劃。

的努力可以得到相應的成果，才會在工作上投放適當的力度。一些平常對工作不認真及缺乏衝勁的同事，對自己會成功的期望不高，相對地管理人對他們的期望也不會高，漸漸形成惡性循環。

經紀行業有別於一般工作，要努力促成成交，以營業額高低決定收入、晉升及榮耀。行為與成果關係極為直接簡單，出色的經紀往往能長期保持佳績，精英班底年年相約，他們靠的不只是年資，還有爭取晉身精英的雄心。經紀的自我激勵比外在激勵更有效—「不能輸給對手、不能讓家人捱苦、不能退步」，這些咒語時刻燃點鬥志。在達成業績目標後為自己安排獎賞，達到每月目標讓自己放假，奪得全年公司獎項賞自己一枚名貴腕錶。有了自我激勵再加上公司刺激生意額獎賞，實在是有雙倍威力，那麼管理層應擔當什麼角色呢？

獎賞激勵是工具，管理層要在過程中監測同事工作進度，協助他們達到公司目標。團隊將注意力全放在獎賞，或會疏忽對員工的能力培訓、資源配合、執行工作細節等。主管應該常關心同事，時刻警醒同事保持鬥心，同時安排適當挑戰讓他們建立自信，循序漸進往上爬。即使沒有額外獎賞，管理人如能夠以教練式的輔導方法帶領同事，不用依賴獎賞都能使同事的事業逐步登上高峰，獻出一腔熱誠。

於多年前，我以電影〈侏羅紀公園〉內的一幕情節作比喻，指恐龍不喜歡被餵飼，牠們要出外獵食，不甘於被困在鐵籠電網裏，要摒除一切阻礙覓食的障礙，這才配做恐龍；只有豬，才喜歡被關在豬欄裏，等人餵養及宰殺。同樣，真正的經紀應擁有恐龍的特性，主動獵食。我於是選購了一批精緻的恐龍造型原子筆，贈送給該月做滿十萬元生意額的同事，以示獎勵。不過有同事獲贈恐龍筆時，卻揶揄恐龍筆廉價，竟忘記了恐龍筆背後的意義，真令人無奈。

員工責任宣言

在金融海嘯期間，香港經濟不景，前景悲觀，不少企業倒閉，愈來愈多人申請破產。當時政府呼籲企業避免裁員，提出以減薪一半取代裁員，此呼籲反映政府無力解決困局。雖然幼稚的建議解決不到問題，卻牽動了政黨發起重視企業責任的情操。部份企業高調宣告不裁員、不減薪，相信若員工在這艱苦歲月能同步發出責任宣言，聲明加倍投入以改善生產力，以保公司存活，相信老闆們會抱更大決心，實行賓主同心，其利斷金，攜手抗逆。

所謂工作責任，除了盡忠職守，還包含員工為老闆抱持的最高道德標準。經紀在風調雨順的日子中，由於佣金收入穩定，能穩守紀律和操守。惟當生意淡薄，同事抵抗邪惡誘惑的意志力便會變得軟弱無力、軀殼不由自主地飄移到麻雀枱、戲院、酒吧、卡拉OK、Coffee Shop、百貨公司甚至溫暖的被窩。

經歷過數次樓市低潮，引誘經紀的花樣亦進化了不少。如自動洗牌麻雀枱提升了雀局的速度。悲觀情緒充斥在經紀的思想中，一種既不願意被解僱，但又無心戀戰，因而尋求麻醉解脱的活動，成就了充滿創意的蛇王點子。

那是一個最低潮的時代，也是一個最頹廢的時代。同事們很少錄得遲到，為了逃避遲到會遭罰錢，同事互相幫忙打卡。另外，同事會爭先恐後用影印機印製傳單，在主管面前忙得團團轉，印好了一大疊便快步離開公司。實則同事們已有默契，在遠方的垃圾桶放下所有傳單，然後再到吃早餐的老地方籌劃活動。

員工責任再教育

來到雀局中，一班同事的牌章早已心中有數，亦已盡量避開手氣好的那幾位，可惜偏偏又是一家輸三家。幸好對手的那兩位行家鋤大D實在不濟，我隊同事大勝對手，總算為公司爭光。

雖然公司出通告要求同事們多逗留一小時，希望爭取多一點生意機會，可同事們是老江湖，寧願早一點去酒吧消遣。哪一家酒吧有特價啤酒及小食自然逃不過我們的法眼，以經紀的高超交際手腕，要弄幾碟免費花生亦屬等閒之事。意想不到的是，竟然有些酒吧推出不限時間任飲，那真是沒辦法了，唯有捨命陪君子，我賺你蝕是一定的了。

企業要有社會責任，要時刻緊記有千百個家庭的生計付托在手，同事們不是幾個亞拉伯數字，不能隨便說聲裁員，就讓他們突然在公司消失。今天企業責任被無限放大，就連裁員減薪也被看成謀財害命。要捱過難關，光靠老闆支撐不夠，員工要拿出狠勁力保公司性命財產，犧牲娛樂時間，鼓動全民士氣，誓與公司共存亡。海嘯不會在短期內平靜下來，大家將會在同一條船上繼續跌宕。逆境可以令人破產，但打工仔的員工操守不能破產。

新一代的員工時常把握機會偷懶，做門面功夫已是盡職。早到遲走與公司同聲同氣者會被嘲笑為擦鞋，替公司出謀獻計更屬蝕底。在呼籲企業要顧及企業責任、社會責任的同時，最好也對員工操守、員工責任的觀念進行再教育，告訴大家，海嘯的浪潮可以捲走你的泳褲，卻不能沖走你的人格。

實戰篇

CHAPTER 02

經紀市場學

樓市起伏循環是正常現象，二零零四年樓市從非典型肺炎的谷底中反彈，鋪市則有自由行支撐。早年投資者也已賺了一筆，不急於冒險，因此新近止賺或止蝕的個案頗常見。今天經紀要促成生意，除了堅持平日基本工作，還得要反覆檢討，因時制宜。

警察經常因未能破案，要重新還原所有步驟，進行案件重演，檢視有否遺漏任何重要線索。推銷員茫無頭緒時，卻很少從基本步法重整思維，試圖找出求生的靈感。

市場學常提及幾個以P字為首的英文詞語，不少解難辦法都源於這些詞語。其一，「Price」，即價格。甚麼是價格呢？記得著名經濟學家張五常曾指出，價格是市場當期時有人願意付出的最高價錢。今天的投資者究竟對怎樣的價格才感興趣呢？要說服他們斥資購入物業，必須令他們深覺物有所值。捕捉價格變化，機會自然高人一等。市場上有大量地產經紀，能促成交易者多與業主有一定交情。買樓不如買股票，如果我想買匯豐，但估計年末會跌至四十元，我可以等至年末才入市。但假設我想購入某物業，估計該物業的呎價將下跌約 10%，我只須與業主磋商下調賣價即可，無須數月後才去買。物業有其獨特性和單一性，市場亦不僅有你一個潛在買家。所以，經紀若能控制貨物的價格，找到買賣雙方的相遇點，便掌握到成功的關鍵。

其二，「Product」，即貨物或貨品的種類。香港的地產前輩對物業觀察入微，據說前華懋主席黃德輝在七十年代看準細單位住宅的需求大，不惜把計劃興建的屋苑，由大單位改則成三百多呎的細單位出售，結果大受市場歡迎。今時今日的香港，比七十年代繁華富貴，追求豪華大宅的富豪比比皆是，於是乎超大單位，特色戶、雙連及複式等設計變成奇貨可居，訂價高昂。鋪位投資市場在一九九七年前亦出現一位奇人，年資深的經紀相信對「細鄧」不會陌生。他「劏鋪」功夫非常到家，專門揀選旺區優質鋪位，將大鋪分間成數間細鋪，廣招租客，吸引買家。當時他旗下的物業剛訂好圖則及價單後，經紀便旋即找到買家接貨了。可見經紀挑選市場接受的貨品，等如領導了市場的資金流向。

經紀並非「一加一等如二」

其三，「Place」，即地點或位置。地產同業常說「Location、Location、Location」，優質的地點勝於其他因素。地產行家比較看好人流較旺的地段，而未來會轉型的區域前景也不俗。例如某處將有大型發展項目或集體運輸系統，會帶來較大的人流及地貌變化，

從經紀市場學找尋求生靈感。

便成了投資者的商機。其實本港各區不時會有不同變化，今天有舊樓重建，明天説批了酒店圖則，只要善於利用地域資訊，便可以作出有效推銷。

其四，「Promotion」，即宣傳推廣。宣傳與成本掛鈎，所有公司都希望以最低的宣傳成本，換取最大的廣告效益，令營業額節節上升。近代經紀的宣傳方式很多，舊派同事會派傳單、致電新舊客戶、張貼海報、電郵等；新派同事活用媒體科技，以 facebook、微信、line 及 whatsapp

交流最新資訊。公司配合的工具也不少，於報紙及雜誌刊登廣告、製作電視廣告及網頁、籌辦記者招待會及籌組跨部門會議等。花樣雖然多，關鍵在於將訊息送到目標客戶群手上，並且要評估宣傳的效能，反覆調查及考量，才知道付出了的努力回報有多少。宣傳的作用無窮，可惜資源有限，必須緊記要在適當的時候，用適當的方法，做適當的行為。

其五，「People」，即是人的問題。圍繞人的題目很多，甚麼人適合做甚麼工作、用誰人會有更好效果、人手要多少、不合要求的人要如何處理，怎樣才找到人才等，這等課題就關於人力資源管理，我就此不作多講。

經紀行業從來就不是「一加一等如二」的行業，縱然出盡法寶，未必就能保證成功。不過守株待兔的經紀，死亡率就肯定極高。鄭少秋主演的劇集「大時代」有一句經典説話，在市場上「咁多人死，唔見你死」才是最成功。

自製商機

在正常市況下，地產代理最重點關注的是盤、客、人三方面，或當然少不了市場學所強調的四個P。我時常建議主管及營業員應多點動腦筋，加點心思創意去做生意，不過多數人仍因循守舊，說代理生意是流水作業，只重覆做基本工作。

持之以恒地做基本功夫當然重要，例如定時更新內部資訊、聯絡客戶及開會等，但市場時刻萬變，僅完成基本工作並不足以在逆市中生存。情況一如股票經紀及分析員，每天都要於財經節目亮相，向客戶推介心水股票，有客人入市才有利可圖，可惜頻頻要面對「今日的我打倒昨日的我」的窘境，最終只會受客人唾棄。

值得回味的生意

在一九九七年金融風暴後，市況非常淡靜，當中有兩宗生意頗值得回味。

在新界區有一座舊式戲院，因為戲院業低潮已結束營業，業主當時亦覺得未到適當時機去重建，於是便一直閒置該座傳統金字頂的古老戲院，只留下一位老看更看守。

機緣巧合下，業主向我徵詢意見，問及物業租出作貨倉的市值租金約多少。當時我認為租出作貨倉未能發揮最大經濟效益，於是再三思考，設計了一套創新方案向業主獻計。其時失業率高企，特首董伯伯鼓勵市民創業謀生，造就了一群躍躍欲試的小額冒險家。

懷舊的舞台式戲院，在香港亦是非常罕有，相信不少市民有興趣於拆卸前參觀。於是我建議舉辦以懷舊戲院為主題的跳蚤市場，一次過滿足觀光及購物兩個慾望。對業主而言，又可以借戲院物業再一次為區內居民提供娛樂及消費地點，更可以服務創業人士，提供合適的場地給他們一試拳腳。業主一邊聽取我的意見，一邊展露出滿意的微笑，卻又一邊用疑惑的眼光緊盯着我，最終在半信半疑下採納我的意見。

取得業主首肯後，我隨即召集各團隊編排工作。首先，由建築團隊繪劃出跳蚤市場的攤位間隔圖則，訂好交鋪標準，計算每個單位的租金。接着，我們找裝修工程公司報價，由清拆雜物、搭建攤位、加裝電掣照明、冷氣系統、外牆裝飾等一系列工程項目，逐一落實。為加強跳蚤市場的吸引力，我們把古老的放映機及電影廣告大畫板搬到舞台展出，另外將大量舊電影的海報及劇照張貼在戲院大堂，例如有李小龍的龍爭虎鬥及張國榮的紅樓春上春等珍貴劇照。由於噱頭充足且租金優惠，現場招租處經常人頭湧湧，大約八十個跳蚤市場單位不出十天全數租出，整個項目經營了差不多半年才結束。

市場變幻莫測

另一宗生意發生在二零零二年初，當時政府突然宣佈停售居屋，改為以公屋出租。一間上市建築公司持有一居屋項目的商場部份，面對突變的政策，該建築公司於市場低調放售仍交吉中的商場，叫價九千萬元。可惜市場迴響不大，傳聞只得一位舖壇資深投資者曾出價六千萬洽購。建築公司顯得進退兩難，公司既不是具管理商場經驗的發展商，想沽出套現時又遇上淡市。

經紀應以提供專業顧問服務為己任。

當時我是商舖部部門主管，我到現場實地觀察，了解該項目及附近的環境。經過一輪探索，因應實際情況及建築規劃，設計了一套三區分立的租務建議書。

首先，該區毗鄰另一政府公共屋邨，人口密集，屋邨的商場營業至晚上八至九時，居民如欲晚上食夜宵或購買食物，便要往較遠的地方，很不方便。剛巧這個居屋項目的商場設計，有一列長長的地鋪，面向外街及屋邨旁的巴士總站。我於是將鋪位分間成十多個面積一百餘呎的小型舖位，並預設來去水位、食肆用量電錶及統一格式的招牌位。團隊利用參考圖片形象化地展示出一排食肆商店，打造它為區內唯一的日夜飲食主題街，包括粉麵、壽司、糖水、麵包、打冷等街坊食店。

其次是一批向居屋屋苑內的內街地舖及一樓商場舖，分別安插民生用品如診所、沖印、洗衣、時裝、文具書店、便利店等，並預留一個一樓大面積舖位予一家超級市場。

最後一個地標式的建築物，目標為知名的連鎖快餐店，或具規模的茶餐廳。

構思完備，我們把設計圖及參考圖片剪接貼好，製作成精美的獨家代理計劃書，聯同四位分區主管、一位市場部主任及項目助理，浩浩蕩蕩到上市公司總部做簡介會。我們當初估計每月租金最高可達約一百萬元，希望説服業主獨家委託中原團隊招租，待租務計劃完成後才伺機出售。該公司的總經理聽畢計劃後，急不及待要我們與主席見面，一方面接納我們的提議，另一方面叮嚀我們對租金的預測不宜過份樂觀。最終所有舖位在短時間內悉數租出，並依據計劃中的商戶組合完成。該項目最後總租金收益每月竟達一百二十萬元，較我最樂觀的預測還要高出 20%。當我們再追問商場的售價時，主席已將意向價大幅提升至二億元。

市場變幻莫測，以不變應萬變已經不足以駕馭大局。在刻板的觀念上加添一抹創意，是不斷維持公司生命力活躍度的重要元素。作為服務性行業及邁向專業領域的地產代理，應當以解決客戶困難，提供專業顧問服務為己任，若果代理只希望客人完成交易以達到營業目標，是不是有點本末倒置呢？

也談開放日

大約在一九九五年初，當時地產市道未見蓬勃，宏觀調控仍影響投資者情緒。當時我效力一家開業不久的中型經紀行，公司服務物業以舖位及寫字樓為主，後期公司再加入住宅分行。那時發展商售賣一手樓，仍未開始委託地產代理促銷，發展商低價開售樓盤，幾乎吸納全部客源，住宅部的主管每次開會時都叫苦連天。

當時我負責寫字樓部，部門分為九龍及香港區。由於市道淡靜，公司又非大型經紀行，大部分下屬都是商業樓宇經紀的新丁。

起初團隊在一幢商廈找數個已「交吉」的單位，不斷約該大廈的用戶來參觀，有的是租約快完結的租客、有些是已擁有數個單位自用的業主，只要有客人參觀，我們便把握機會長期跟進。我發現這個推銷方向不錯，但力度不足，於是我構思了一連串工作，配合開放日的促銷形式。

行動隊伍包括約五位經紀加一位市場部同事，大家決定若透過開放日能成功促成交易的話，爭取業主委託開放日的同事可先分得總佣金收益的 10%；若業主委託中原為獨家代理促銷者則再加 10%。

首先團隊要挑選日子，多是星期四及星期五的下午，由中午十二時至下午六時，一方面讓客人感覺天天有開放日，製造壓迫感；另一方面是邀約客人於同一時間到來參觀，營造熱鬧氣氛；另外是方便客人於午飯時間時抽空參觀，即使股市收市後再慢慢參觀也可以。

準備功夫繁多

開放日的事前準備功夫頗多。團隊首先要準備該單位的基本資料如圖則、呎數、樓齡及優點等，再而是提供該大廈及附近大廈的近期成交作參考，再其次搜尋相類型物業的放盤，務求提供多元化資訊予客人。準備好所有資料後影印一批備用，包括該單位的平面圖、裝修圖、呎數及簡介等，要分別以A3及A4紙影印。A4紙用以派發到放盤單位的大廈及附近商廈，部份為開放日當天備用。A3紙則於開放日的前一天及當日，張貼於通往該大廈的必經之路。初期辦開放日時，團隊找到尖沙咀帝后廣場全層交吉物業，我在星期三吩咐市場部同事將單張在尖沙咀中部街上張貼。我於下午四處巡視一番，發現只得不顯眼處三數張，便向市場部同事查詢。原來該年輕同事只敢在僻靜的地方來張貼單張。經過我一番訓導後，我多派了一位經紀同事與他再貼一次。說起來這位年輕的市場部同事，今天已是某小型代理行的合夥人了。

報紙廣告及繕稿也要配合得宜，由於我經常「報料」給紀者，雙方關係良好，於適當時間要求他們幫忙，多少也會受惠。開放日當天的上午，全隊人開始打電話查詢區內商廈的租客及業主，問他們有否收到通知信、有否看到報紙廣告、今天有否時間過來參觀等。簽開放日委託的同事於早會完畢亦會到到該大廈「洗樓」，即時邀請各單位用戶中午後到場參觀。

單位現場當然也要做功夫，在該層的電梯大堂貼一張單張，通知客人單位所在。單位門口也貼一張單張，物業內則處理好垃圾雜物，務求使人有好感。每逢有人到訪，即時遞上名片及預備好的資訊，要求對方留下聯絡電話、姓名於記事板，當然最好能取得名片，然後引帶客人參觀單位，主動介紹單位的資料及優點。總之，有「老闆」現身，往後的掌握便是經紀本能的發揮。

開放日結束後，也要做一番跟進功夫，包括繼續與曾來參觀的客人緊密聯絡，了解他們的要求。匯報過程及客人反應予委託開放的業主，務求找出底線條款；與全隊同事檢討行動中的商機或遇到的困難等。

當年的開放日，籌備充足，事前、事中及事後都兼顧到；是集體行動，各人緊守崗位。相對今天，市場又吹淡風，開放日又開始大行其道，不知同事接到上司的命令做開放日時，會有何感覺。

「防白做」及「防詐」（一）

由於物業交易往往涉及龐大金額，作為地產代理於處理交易過程中，務必細心慎重，以免惹上一屁股麻煩。地產代理在交易中生事端，大抵分為兩類，一類是自己出錯，第二類是被高手利用。地產代理的課程內容應該加入防詐題材，警惕在職的從業員，除了真誠服務客戶外，也要學懂保障個人利益，避免墮入陷阱。

出錯第一類為自己出錯，經紀在交易過程中疏忽，誤導客人或失實陳述，令客人蒙受損失，最終經紀要負上法律責任。部份自以為是的經紀往往急於解答客人疑問，答案其實不盡不實，客人當然興師問罪。客人時會問道有關建築物條例的問題，如可否拆除部份牆身及舖位閣樓、工業樓宇可否用作寫字樓、樓上的住宅或寫字樓可否用作樓上舖、外牆可否掛招牌等等。另外亦有客人查詢申請各類牌照，諸如學校、教會、老人院甚至殯儀館等，政府會否批出牌照是不能靠經紀推斷的。

部份經紀手忙腳亂，填寫臨時買賣合約時填上錯誤資訊，耽誤了成交。所以經紀抄寫物業地址、業權人名稱及租客買家姓名時，除了要小心對照田土廳及身份證資料，更要反覆核對，確保萬無一失。另外，有經紀偶爾會填上錯誤的交易金額，或不懂書寫金額的中英文；英文姑且不提，個別經紀確是不懂中文大寫的壹貳叁肆伍陸柒捌玖拾。

當完成整份合約後，買賣雙方必須簽署，這亦是常出差錯的時候。物業若以私人名義買入或賣出，經紀只需影印副本或核對身份證便可。假如物業由兩夫婦以長命契擁有、幾兄弟共同管業、持授權書簽署、遺產執行人或者有限公司持有，那貴客簽署合約後，合約是否具法律效力呢？有些經紀未核實身份就讓客人簽署重要文件，只急不及待完成交易。

經紀須清楚各項細節

經紀處理連租約出售時也時有錯漏。部份經紀未看過出售物業的租約，在未知內容條款下便隨便寫上連租約出售。其實物業的租約內容直接影響買方的回報，物業價值亦大部份建基於此，因此經紀要清楚每一項細節。包括租客名稱、租金、包不包括雜項、租期、免租期多久、有否私人擔保、約滿後是否設還原條款、按金多少、有否中途終止合約條件、有否租客營業額分成、有否用途限制等。其實經紀若沒有時間閱讀整份租約，可以將租約副本交給買方自行了解，再夾附租約副本作為臨時合約的附件即可。

工商舖物業時常將單位分割成多個細單位，會牽涉物業是否連同樓梯、天井、後巷、廁所及走廊等地方出租或出售。單靠合約文字表達未必完全清晰，附帶平面圖最好將有關部份塗上螢光色，再由雙方在圖上簽名核實，便可避免無謂爭拗。曾經有位經紀疏忽，向客人推銷一個樓花地廠單位，當時仍未拆除地盤圍板，經紀遠距離用手指向客人示意物業所在位置，客人隨後簽合約購入該物業。豈料在收樓時該地廠一分為二，原來看樓時地廠的間隔牆尚未裝上，經紀亦無細心留意，最終又是道歉又是賠錢才避過法律訴訟。

近年自殺個案增加，買家或會查詢單位有否發生過命案。經紀如果不清楚就應直說不知道，業主有提供就說是業主提供。否則買家若發現與事實不符，經紀一樣可能被地產代理監管局懲罰。

「防白做」及「防詐」(二)

地產從業員要服務各式各樣的客人，除了正常的買家外，亦有可能不幸遇上不想付佣金的客戶，或更不幸地被騙徒利用而捲入刑事騙案中。

佣金是地產代理的主要收入來源，亦是一買一賣的成本之一，雖然說樓價 1% 的佣金佔交易比例很少，但以一宗工商舖大額成交以言，買入賣出的佣金就非同小可。炒家想獲取更大利潤，經紀佣金便成了首先開刀的對象。

在商談期間，賣方或買方都有機會設下陷阱，令佣金變成促成交易的籌碼。在促成交易的初期，買賣雙方需討價還價，賣方可能隨時反價，買家或會臨陣退縮。賣方會以買方出價未達要求為由，建議經紀減收佣金遷就；買方亦以自己已添價到了盡頭，不肯再添，誘使經紀免佣或減佣。萬一中途殺出另一家經紀參與競爭，或是客人主動引入競爭，經紀更是處於下風，免佣減佣勢難避免。

碰上事先張揚不給佣金或只付一半佣金的客人，經紀反倒可以選擇做或不做。有些特殊客人卻喜歡於簽署臨時合約後諸多刁難，希望少付佣金。曾有投資者想買入一個連租約物業，在付了訂金後，客人說有消息指租客交租有問題，底價亦被高估，投訴經紀不老實，聲言要取消支票。經紀邊解釋邊呼冤，惟有減收佣金促成成交。投資者都很懂得捉摸地產經紀心態，做了一大堆功夫，雖賺不到全數，總好過白做；遇上訴訟更麻煩，不單花時間，隨時愈揭愈多問題。

有部份投資老手會在臨時合約上做功夫，確保個人利益。一般標準臨時合約會列明撻訂及悔約一方賠償經紀佣金，另加上「如果交易不成功，則買方無須支付任何佣金」，條文貌似合理，當然還有後著：「訂金於證明契據完好無缺始行放訂予賣方」，加上了這一句，賣方是暫時收不到訂金的。買方為了爭取在成交前「摸」出物業圖利，會質詢賣方契約，雙方律師書信往反，可以拖一段時間。萬一買方覺得買錯貨，想抽身走人，「踢契」是常用的技倆。在正常市況下，業主不擔心找不到另一買家，為免物業被官司綁住，不得已放走買家，吩咐律師樓退回訂金。可憐經紀在過程中多番協助調解，最終卻收不得佣金，又開罪了業主，得不償失。

騙案層出不窮

地產代理界曾發生過各類騙案，我曾聽聞有經紀接到來電，客人吹噓要買幾項貴重物業，約經紀到中環的高檔餐廳會面。客人打扮得體，談吐大方，豈料經紀一個不留神，自己的新款手機及客人均突然消失，經紀痛失新款電話外，更要為飲食開支付款。

做大案的手法當然相對複雜，並且涉及較大銀碼。數年前市場出現一宗全幢物業出售的騙案，受害人竟是一位著名資深投資者，被利用的也是經紀行頭中的老行尊。話說某家族持有一幢位於九龍區的全幢物業，從沒在市場放售。經紀透過中間人獲悉業主欲出售物業，叫價相當吸引。經紀於是通知資深投資者，投資者二話不說付千萬元訂金購買。律師行亦核對田土廳查察及業主身份證，並把訂金發放予業主，一切看似很順利。直至消息曝光後，物業業主否認出售物業，律師行報警，後來才發現業主的身份證是假的。交易過程中，律師行及經紀也被假身份證騙倒，老牌投資者亦損失慘重。

類似行騙手法曾再次發生，一幢尖沙咀商業物業於市場上放售，業主負責人是外藉老父，出售物業的人卻是老父兒子的前妻代表人。經紀向相熟貴客推介放盤，客人不虞有詐，迅速簽約付訂金。買方律師小心查核，不肯發放訂金；真正的業主老人家得知事件後，即時派律師接洽經紀行負責人，聲明絕無出售這物業，並保留追究一切損失的權利。

陷阱重重

經紀在交易過程中或接觸不到業主，只能與第三者進行交易。雖然經紀可事前於田土廳查察，但由於不認識第三者，終究會出現漏洞。經紀遇上難得的機遇，很難每步都質疑客人。所以地產經紀確是陷阱重重，偶一不慎就會賠上佣金，運氣不好更會落入騙局之中。

在公司頒獎大會上，我認為除了要請得獎者分享成功喜悅外，應該邀請苦主講述受騙過程及檢討錯失，希望有助同事防範收不到佣金，營業額自然更上一層樓。同事才可以真正加強「防白做」及「防詐」意識，立足於刀光劍影的地產市場上。

管理實戰

在多年的企業管理生涯中，發生過不少與管理方法有關的故事，有部份可作為壞榜樣令人警惕，有些則是鬧劇一場，有個別則令我感受深刻，啟發良多。

作為一個部門負責人，我曾被一大群同事相約在酒吧談判。事件的前因是一位分區頭目經常在公司當眾喝罵同事，偶爾更夾雜粗言穢語，有時甚至激動拍枱，同事感羞辱不安，怨氣愈積愈深。我曾勸喻該頭目，希望他可以公開讚賞同事，另外可私下教訓表現不佳的人。頭目卻表示，有小部份同事於開早會時態度渙散，如不當面喝叱，其他同事會得過且過，公司的資訊便不能緊貼市場。

同事中有人約我到酒吧，我早已估計酒局與分區頭目有關。豈料當我打開房間，現場竟有近二十人，將房間擠得水洩不通。為首的一兩位同事開始發言，直接表示不滿頭目的態度，每次開早會時總提心吊膽，擔心被頭目當眾侮辱。大家都認為主管態度欠佳，希望我能解僱他。當時所有人的目光都注視著我，期望我即時作出抉擇。

當下我以輕鬆的態度回應，「難得濟濟一堂，總不能三言兩語就散會，全部人都要輪流發表意見！」如是我向各人逐一提問，如有否做妥日常工作、有否盡責地匯報所有資訊、有否遵守公司紀律等。部份同事心中有愧，態度變得謙卑。當下討論差不多完結，我便作出小總結，「每個人的性格各異，磨合需時。即使人多勢眾也要講道理，在座有同事未達工作指標，仍未被懲罰，還可以大聲批評主管不是，是不是應該公平一點，讓彼此找出協調的方法，而不是要脅我去解僱主管呢？至於當眾粗暴喝叱同事之舉，我亦不支持，事件交由我去跟進。」一場逼宮大會最終在我結賬後結束。可惜該分區頭目的表現最終未如理想，被調職往其他部門，這就是後話了。

記憶猶新的一幕

另外，以前我於某大型公司任職經紀，當時有一幕令我記憶猶新。公司規定上午九時半後不准吃早餐，但仍有不少同事偷偷在會議室享用外賣。有一天大約九時四十五分，分行經理走到門口，碰上送外賣早餐的伙記，伙記向經理查問是誰人叫了早餐A。經理二話不說，給伙記一張二十元紙幣，其後將那袋早餐丟進垃圾筒，接著頭也不回，直往經理室照常工作。同事看在心裏發毛，鴉雀無聲。

原來不當面斥責犯規的同事，在眾目睽睽下作無聲控訴，效果是如此攝人心魄的。雖然偷吃早餐的情況未能禁絕，同事在違規享受早餐時，多少是懷著犯罪的心態，三扒兩撥完事後，速速開始工作。

有次我負責一個項目的統籌及銷售工作，讓同事在現場附近設流動攤位，向前來查詢的客人及途人進行推銷，俗稱「打街霸」。豈料不同團隊的兩個經紀，為了一張桌子而大打出手，其中一人更報警聲稱被人毆傷。

那天早上十時許，甲同事來電，氣急敗壞地說遭乙同事毆打，並於數分鐘前報警求助。我心想，不能讓事件鬧大，對公司形象及項目銷售均會帶來負面的影響，我必須要在短時間內收拾殘局。可是當時我不在現場，只能透過手提電話化解這場危機。

管理人宜養成處理突發事情的習慣。

我對甲同事說，不管甚麼理由，在工作地方動手是不對的，而且有事發生又沒有通知主管或我。甲同事於是投訴道，乙同事先使用他的流動枱櫈，後更出手打他，他不得已下報警。我估計事件僅屬鬥氣，於是勸甲同事對警察道歉，指事件純粹誤會，無須跟進。我其後立刻再致電乙同事，命令他立即離開現場，全日不准返回地盤工作，並讓他半小時後聯絡我。

處理突發危機

接著我分別致電甲乙同事的直屬主管，指示他們了解事情後向我報告。經雙方查問完畢後，事情是這樣發生的：地盤打街霸，以甲乙二人最落力，兩人又各引入分區同事及合作行家協助，各佔陣地，不時有小爭執。那天乙同事的拍檔在未有知會甲同事下借用枱櫈，甲同事發現後與乙同事先口角繼而動武，最終報警了事。我大致了解事情始末後，乙同事依時來電向我道歉，我冷淡地說做錯事便要負責，要求他明天早上與主管來我的辦公室。

那天早上九時正，各人齊集辦公室向我道歉，承諾不再犯錯。我回應道，兩位主管監管下屬不力，未能管理地盤運作，以後要好好檢討；而甲乙同事為私利不顧後果，長此下去後患無窮，須即時引咎辭職。四人面面相覷，一時語塞。乙主管首先捉摸我用意，向我討人情，說甲乙兩人其實是好朋友，一向合作無間，當中肯定有誤會，保證午飯後會給我一個交代。

午飯後四人一同再到辦公室找我，面上堆滿笑容，甲乙兩人更搭著膊頭，稱兄道弟，並發誓以後會以公司利益為先，懇求給予機會。兩主管亦匯報說已檢討運作，保證日後銷售過程順利，並且會加倍努力。其實我也捨不得失去勤力的甲乙，所以略施小計，鼓勵他們自動協調工作，免得他們天天為小事吵架。

常聽說做管理人的處事方針，小事不用找我，大事找我也沒有用；於是乎，大小事情都無須煩惱。可能是自己的管理功夫未到爐火純青，未達到以上境界。相反，在往後的歲月裏，同事打電話或親身來找我，十居其八都不是報告好消息，所以養成了經常要處理突發事情的習慣，久而久之，面對突如其來的危機，也能從容處理。

營銷

CHAPTER **03**

篇

地產萬能俠

要成為一位稱職的地產經紀，除了要具備合適的性格外，亦必須擁有相應的能力，以應付工作上的要求。性格是天生的，不容易被改變；能力有部份也是天生的，但卻可通過教育及培訓，由不懂變為純熟，再由純熟提升為專業。

在地產市道暢旺的時候，很多人妒嫉經紀賺快錢兼賺大錢，揶揄他們學歷不高，家底不好，只靠一張臭口，卻買名車、換大樓。但當他們找經紀幫忙時，卻又視當他們為律師，徵詢法律意見；視他們為設計師，問如何裝修；視他們為預言家，預測股票樓市行情；甚或有家庭主婦向經紀查詢街市菜價。在他們眼中，經紀就是對天文地理，財經文學，無一不通、無一不曉的萬能顧問。

那麼，經紀上完雞精班，考試合格了，是否就具備作為地產經紀的能力，能擠身於風起雲湧，明爭暗鬥的代理市場呢？相信看完本文，大家會有所反思。

管理人評論業績不好的經紀，常說他們能力不足，卻又不能明確道出哪種能力不足，應針對哪一項能力作出改善，找不到同事失敗之謎。

有些人與生俱來就具備個別較別人優勝的能力，再加上後天的培育訓練，能力可以被改善或增強。能力基本上可分為物理上（Physical Ability）、思維上（Cognitive Ability）及情緒操控上（Emotional Intelligence）三方面。

強健體魄不可少

物理能力包括體能，即是體格強壯的程度。經紀謀生靠智慧，所以對物理能力的要求不算太高，惟需要強健體魄。經紀們需要睇樓、參觀地盤、參與龐大的銷售項目，過程中包含冗長的會議。如果同事身體太虛弱，行樓梯會氣喘，一晚唔夠瞓請三日假，應該不勝任經紀基本的體能要求。何況時常病容滿面，會影響士氣及拖慢工作步伐。物理能力亦包括操作能力，不過經紀無須操作機器，日常最多只操作電腦鍵盤和開門開鐵閘，一般來說無甚障礙。

經紀能力中最重要的部份是思維能力，Cognitive Ability，這包含了一系列的類別，其中首要的不用說必定是說話技巧，語言的表達能力。經紀談吐要有說服力和感染力，令人產生信任。一些專業詞彙的運用，與及窮通天地博古識今的學問，是豐富說話內容的重要元素。學問要靠閒時多涉獵廣泛的資訊和書籍，單靠八卦週刊是不能令說話有內涵的。

此外，經紀於適當時候要扮演忠誠的聆聽者，細心聆聽客人說話，爭取客人的好感。與說話聆聽並行的是書寫能力，經紀隨時隨地要草擬合約，修改條款，文字表達的功架不可或缺，否則錯別字連篇，或執筆忘字，兼且字體潦草，就太丟人現眼了。

另外，應付數字的能力亦十分重要，有些人是數字白痴，面對稍為複雜的運算，已經滿頭大汗、不敢再想下去。經紀日日都要計數，還價8%即實際壓了多少價，將實用率改為六成半即是建築面積幾多呎；給多免租期個半月後Effective Rental等如每呎多少。要計數的地方多的是，沒有數字意識，小則被客人恥笑，大則要負上經紀疏忽失職的法律責任。

要具備解決問題的能力，不能稍有阻滯，便輕言放棄。銷售工作必定會遭遇拒絕，客人諸多要求，開出辦不到的條件，經紀就是要鍥而不捨，想盡辦法將困難解決，成功只會留給有解決問題能力及決心的人。

好經紀必備條件

推理能力，是歸納及推論一連串的觀察，從一系列的事實中評估出結論的能力。有時做經紀好像做偵探一樣，要推敲客人的想法。睇樓的陳太，對物業有彈無讚，卻又不肯離開，是否已看中了但想壓價；簽合約時業主頻頻看錶，是否想盡快綁住買家，條件還可以再商議；準買家說買這交吉單位自住，卻要求六個月後定期存款到期才成交，期間又要求享有十次睇樓權，你猜他是甚麼人。

一位地產經紀必須擁有相應的能力，以應付工作上的要求。

看通關係的能力，是從人與人、事與事的交叉現象中，梳理出相互的關係，並利用此分去協助解決問題，達到目的，對關係看得通的人，即是觀人於微，可以從細微處捕捉人家的思想，做起事來得心應手。老練的經紀，很容易找出兩夫婦之中，誰是決定買樓的人，然後集中火力游說目標人物。這種能力是先天賜予的特異功能，不過如果後天加緊練習，細心觀察和分析行為反應，累積經驗，也可加強這方面的能力。

空間感覺能力，是判斷環境、距離及位置等的相互關係，從而想像出空間元素改變後的情況的能力。地產經紀的這種能力，有點像室內設計師的靈感，看著一紙圖則，腦中就可幻想出全屋的間隔及擺設。經紀具有這種能力便可以解說清楚大與小、高與低、闊與窄的相對分別，對評估物業的價值會有更透徹的理解。

記憶力，這種能力無須多解釋，不過如果發現自己記憶力太差或逐漸衰退，坊間有許多增強記憶力的課程，不妨找一個參加。

至於最後一類能力，情緒操控能力 Emotional Intelligence，分為了解及管理別人及自己情緒的能力，及影響別人情緒的能力。自從 EQ 一詞面世，使人驚覺到情緒管理的重要性，不少人都有看過丹尼奧高文寫的這本暢銷書。可惜道理知易行難，每當面臨須要控制自己情緒的關頭，大部份人仍然會不顧後果，盡情放縱自己的情緒。作為服務性行業，經紀須時刻緊記言行舉止待人接物應有的態度。太情緒化，經常失控的人，在職業生涯上將會令自己寸步難行。若然能管理好個人情緒外，仍能力影響別人情緒，那人肯定是一位出色的經紀兼別人眼中的領袖，若能被安插在合適的崗位上，對內對外都會起著積極的作用。

地產代理並不是普通人可以擔任的職業，亦絕非單靠勤力就能維生的工作，真正在行內「彈得起」的經紀，十無一二；在江湖上具名堂者，更是鳳毛麟角。成功經紀具備的獨特性格與能力，造就了招聘廣告的傳奇故事。

經紀有性格

二零零八年金融海嘯橫掃全球，本港大小企業無一倖免，深受打擊。除了金融業務，首當其衝的要數地產行業。富有的人身家縮水，打工仔怕被裁走，買樓的客人大減，每月成交量僅得四至六千宗。當時地產代理人數逾二萬，即平均四個代理才分到一單成交，每月有一萬五千代理「食白果」，公司裁員縮皮是必然結果。

早年市場蓬勃，代理行大量招聘人手，不論才能高低，只求填滿分行。今天剛被殘酷叮走的經紀、心知即將會被裁走的經紀、經歷幾番風浪仍屹立不倒的經紀，究竟是甚麼原因令他們結局不同，有甚麼方法可以改寫命運呢？

常言性格決定命運，其實性格也影響選擇行業。組織行為學裡面亦有提及性格及能力兩大項目，是影響職業生涯的兩大元素，亦是管理人評核員工是否適當地配對在合適崗位上，甚或是招聘前已預設了的一些合資格準則。性格基本上是父母遺傳下來的，雖然後天的教養及人生閱歷會有影響，但正如中國人所說「江山易改，本性難移」。

外向內向大不同

性格外向的人，面對任何事情，總會向好的方向想，屬樂天一族，喜歡用積極情緒去面對問題。經紀日日要進行推銷，沒有樂觀的態度，怎樣克服遭人拒絕再拒絕的痛苦。外向的人交際應酬總有一手，不論男女老幼，總找到話題打開談話。在酒會中及飲宴前，拿著酒杯及卡片滿場飛的人，不論新相識舊知己，都應酬得妥妥貼貼的，肯定是出色的經紀人才。外向人亦較為合群，易融入別人的圈子，在自己的團隊中亦是個熱心的成員。外向人有時會很傻，無緣無故笑一餐，不過傻得可愛，頗受朋友歡迎。試想想推銷過程中，推銷員木口木面，一味介紹產品，只緊張客人幫襯不幫襯，那種氣氛簡直如殯儀館的堂倌說話，抑揚頓錯有餘，感同身受不足。當然外向也有程度之分，曾經見一位資深經紀，交遊廣闊，行落畢打街，不少富豪都跟他握手問候，可惜就是流於表面應酬，不善推銷，結果幾年下來，一單生意也做不到。

性格內向的人，很情緒化，無端端會憂鬱一番，對人對事都抱悲觀的想法，不會合群，喜歡單獨行動，以自我為中心，很緊張別人對自己的看法，甚至有點神經質。工作的時候，每多挑剔，敢說出相反意見，有時不太理會別人感受，一副很「酷」的樣子。擁有高度內向性格的人，假如只是為了賺錢而投身經紀行業，是災難性的選擇，較理想的職業是會計、質檢、藝術家或科學家等。內向也是有程度上之分的，只要不是嚴重內向，經紀偶爾嚴肅冷傲，說話專業獨到，加上冷峻的外型，未必不贏得顧客的信任。

另一種性格是「好相與」，簡單來說是容易與人混熟，親和力強，合作性高並且對人親切熱誠等。「好相與」的人凡事都考慮到別人的處境，容易相信別人，對人有同情心。「好相與」的人經常可找到與人合作的機會，並且令對方感覺舒服自然。相對而言，「好相與」程度低的人，經常質疑人和事，常帶挑釁性和對抗性，在工作圈子中很少和人合作，傾向自己處理事情，在上司眼中是最難纏的人物。但這類人的職業如果是收數、評審或執法等工作，卻會幹得很出色。不過世事無絕對，頗多經紀行裡就是長期存在這一類人物，不好相與但有成績，總算將功補過。

責任感的強與弱

責任感的強與弱，不用多説，任何行業的老闆都渴望聘請盡責的人效力。不過單純看是否能完成指定的工作，並不能深入分析盡責，尤其於經紀行業這性質上，很多時依賴經紀自發工作，創造生意機會，及自行組織資料，做事前準備功夫。還有一點，經紀的自由度較其他行業高，經常外出工作，盡不盡責，變得非常重要。盡責是自我紀律要求的表現，一個律己的人無須別人提點，就算單獨工作，時刻也會警醒自己守規則。古代聖賢有「三過家門而不入」的盡責精神，以今天的打工仔道德水平來看，會以為是缺乏家庭溫暖，四處找節目而不歸家的現象而已。其實盡責還包括要求高效率、審慎處事、堅毅、忠誠及甘於承受壓力等等的態度，找到這些瀕臨絕種的動物，要好好珍惜。

性格決定命運，也影響選擇行業。

時代進步，科技發達，新鮮事物層出不窮，能抱有開放的胸襟迎接變化，是適應潮流應有的態度。思想開放的人，較容易接受新事物，富有冒險精神，以今天電腦科技日新月異，公司新添置的軟件硬件如果仍未學懂運用，工作效率和資訊接收肯定慢人家幾拍。思想開放的人會嘗試用不同方法去達成使命，一條「橋」唔work，改用第二條，勇於行動，自我挑戰。

還有一種性格，是頗多人印象中的經紀性格，就是貪財愛利、貪威識食。其實嚴格來説是一種渴求成就的性格。經紀的成績主要以生意額來評核，能奪取最佳營業員獎就代表了經紀的成就，要保住經紀成就的滿足感，就必須勤力跑數，搏命做生意，因此給了人一個貪財愛利，只顧搵銀的印象。至於貪威識食，可能確是一部分享樂型經紀的性格，但注重外表裝身，提升衣著品味，學懂品嚐佳餚美酒，改善生活質素，應該是收入豐足的人的正常追求。

其他的性格特質還有不少，如自我形象、渴求權力等，雖然未能一一道出，但成功經紀的性格特質，仍是有其共通的特點的。管理人揀蟀之前，好訂明那些性格組合的人合乎應聘準則，甚麼性格程度的人可免則免，否則請來一班「有性格」的經紀，有排煩矣。

性格雖云是上天安排，不過行走江湖時間愈久，愈可掩飾真實的性格，不容易表面觀察出來。

物超所值

因應全球經濟變化，公司傳統管治理論備受衝擊。打工仔要保住罕有的飯碗，要清楚汰弱留強，汰強留超強的真理。以往員工只要求盡忠職守，做好本份，便可以安心賺取薪水。但經濟不景，公司因生意萎縮而精簡人手，十個人的工作，最好五個人可以完成。

物競天擇，適者生存。「適」字除了是適應環境的意思外，還有「識」時務者的含意。意即員工要懂得捕捉老闆的心意，未待老闆開口，便主動為老闆解決問題。

我忽發奇想，經紀可自發組織節省成本行動，例如公司解僱清潔工人，由公司團隊輪流負責清潔辦公室及打掃垃圾；同事外出時可兼任公司信差，省回速遞費用；公司於報紙刊登廣告稿時，順道替客人尋貓尋狗或遺失銀包；公司可到附近休憩公園開會議，改為租用面積較細的寫字樓，節省租金。

反思自己的斤兩

大家別以為這此計劃是天馬行空，一九九七年亞洲金融風暴以後，銀行界情況相當嚴峻，大企業裁員減薪，員工要兼顧職責以外的工作，如銀行經理星期六下午及星期日要到門口派氣球，在街上推銷信用咭。部份員工接受不到要身兼多職，轉行當保險或地產經紀。

身處裁員風險極高的地產從業員，是時候反思一下自己有多少斤兩，付出了多少努力，有沒有資格長期保住飯碗。員工只完成基本工作及準時上下班已不足夠，老闆需要的是物超所值，期望員工能完成職權以外的功夫。

駕車往油站入油，除了享受笑容可鞠的服務，最重要是職員主動為你清潔擋風玻璃，跟着送上兩枝免費礦泉水及汽車雜誌。油站可提供更多增值服務，例如為車廂吸塵，弄一個車仔檔小食部，讓顧客等待入油時可免費品嚐魚蛋、豬皮、牛雜、魷魚等。人就是希望得一就想二，能夠令人產生物超所值的感覺，這一仗贏的就是你。

幸好老一輩的地產經紀早已是百煉成鋼，能屈能伸，不斷在噓聲中成長，懂得保護自己。溫室中孕育出來的小花，多年來尸位素餐的主管，海嘯又來了，穿穩你的泳褲啊。

長處思維

多年前，法國商人拍賣兩個來自中國圓明園的獸首銅像，中國律師團曾要求法方無條件歸還文物，惜無功而還。最後有中國商人出高價投得後拒絕結賬，銅像暫時仍存於法國。而中國政府未有高調促請法國歸還銅像，中國民間以更高明的伎倆去抵制販賣國寶的外國人。

近年中國廠商大量製造不少法國名牌的仿製品，雖然外國人士指責仿製品損害原有品牌的利益，世界各地的遊客仍然樂於購買，更大讚手工精美，仿真度高。先不談違法問題，中國人的這套民間智慧存在久遠。中國人善於將失修或已消失的舊物複製重建，包括牌匾提字、名人故居、書法名畫及陶瓷等。現時在中國總能看到不少文物仿製品在市場上發售，好讓民間百姓在家中都能欣賞歷史文物的蘊藏。

我認為，中國政府大可在北京重新興建海晏堂，同時複製全套十二生肖獸首人身像，重現當年噴水計時的效果。導遊應解釋原物賊贓現流落在哪國，確保全世界都知道誰私藏賊贓。另外，中央可再推出全球限量版獸像一千套，每套刻上國家主席的簽名，充分發揮中國人將舊物重生的長處。

經紀三項長處

經紀亦有三項長處，包括一張嘴、一雙腿及一個腦。做生意最好的方法是讓客人見識經紀的長處，讓客人接受服務。可惜有些經紀卻懼怕或懶於見客，寄望客人主動致電查詢，沒有利用長處找尋商機。另外，一般經紀行都備有大量業主、投資者及租客的聯絡紀錄，與及物業的基本資料及交易歷史，經紀可以利用資料庫尋寶。無奈總有經紀時長嗟短嘆，埋怨無新客、無單簽，寧願打麻雀飲啤酒虛耗光陰，任由寶藏封塵。

經紀在客人心目中則具備多個長處，如消息靈通，掌握先機。經紀每天更新物業資訊，了解物業價格變動，然後將新訊息輸入資料庫，各經紀將訊息消化後作為與客人傾談的資本，從而捕捉生意機會。這個機制運作已久，優點亦顯然易見，但亦有人捨本逐末，不向客人更新資訊，只從地產代理行家打聽消息，漸漸令同事捨棄與客戶直接溝通，同事亦不盡信資料庫，逐漸瓦解內部互信機制。行家的情報當然有一定價值，但長期倚靠情報，往往令被動的經紀失去先機，勤於取一手資訊的經紀則有更大機會促成成交。

物業業主會和個別經紀較熟絡，為達成一宗物業交易，經紀會主動聯絡行家合作。這樣的一個營商平台，可以説是地產代理行業的特長，其他行業甚少可以發揮得如此輕鬆隨意。我有客人找你獨家代理的盤口，或你有客人想購入我客戶手持的物業，此時就需要雙方經紀互相合作。關鍵是要和不同經紀維繫交情，不要破壞信任基礎，那麼合作生意便會長做長有。站在業主立場，不論是工商住舖，只要經紀最終將事情辦得妥當，相信亦不介意經紀在過程中與他人合作。

客到用時方恨少

作為地產代理，不論身處旺市或淡市，最擔心的就是自己沒有客人。市道暢旺時，成交量增加，盤源迅速被吸納，但若果你手上沒有熟客，或你聯絡的客人不接受建議，依舊不能促成成交。而市道淡靜時，雖然負面消息不斷，但價格下調，競爭較少，經紀往往能掌握到機會，替客人用低價買入心儀物業。箇中玄妙，在於對顧客關係的概念。

服務業每位從業員都懂「顧客為本，服務為先」的道理，但實際上是希望客人接納自己的建議，促成成交。其實這種想法都沒有錯，問題是你有甚麼本事說服客人信任你。任何人也不會無緣無故信賴別人，尤其是投資昂貴的產品，必然是對方做了一番功夫，產生信心，最終決定購買。服務性行業的工作是提供服務，要令他人成為自己的熟客，首先要了解客戶需要，提供比別人更優勝的服務。

曾經有位經紀不斷聯絡某資深投資者，向他發放筍盤及成交紀錄等，可惜客人對他很冷淡。直至有一次該投資者經另一家地產公司買入物業，經紀其實早已推介過該物業。經紀氣憤難平向主管訴苦，聲言以後不再跟進這名投資者。主管對此持另一番見解，指客人已認同你的服務，距離促成成交不遠。還鼓勵經紀恭喜該投資者買入物業，表示會不斷提供更好服務。最終該投資者與經紀的關係，不言而喻。

究竟地產經紀可以為客人提供什麼增值服務呢？是否僅得一張

樓盤資料紙、一張平面圖則、一張地圖就完事呢？又或將大疊文件如查察、入伙紙、大廈公契、相片及正式租約等，釘裝成文本，交給客人查閱呢？其實各家公司都能提供充足的硬件資料，最具價值的部份是對物業的分析，這才是影響消費者決定的重要過程。經紀的服務，如果脱離了專業的分析，便淪為資料搜集員。當然有時候客人買入你推介的物業另有原因，並非你所分析的結果，但客人仍不會抗拒你的熱誠。

從顧客的需要層面出發，他們在收到你的建議書後，如果覺得有興趣，接下來會做些甚麼工作呢？比較隔鄰左右物業的價格、租金租期、銀行估價、該物業的成交歷史、未來升值潛力、圖則、實用率、有無加建改建、增值方法等等。如何歸納這些資料，融匯貫通，提供一個簡單方便的報告給客人參考，相信是輔助客人落實決定的重要工具。很多不同的企業都會為客戶建立一份詳細的檔案，分析客戶的買賣紀錄、現存資產、財政狀況及關係網絡等，知己知彼。學會先消化客人的資料，分析客人的喜惡習慣，人家必定會讚賞你做足功課，亦會感覺到被奉如上賓的優越。

發掘、留住與增長

Who is your customer？（誰是你的顧客？）這是一個市場學大師經常問及的問題，你知道你的顧客是甚麼人嗎？在街邊推車仔賣魚蛋的人，很清楚路過的途人就是他的客人，非常清晰。那麼你知道你所推銷的產品應該以甚麼人為目標客人嗎？不同的產品具不同特性，對處理客戶的優先比重有所不同。凡是處理客戶，不外三項工作，發掘客戶、留住客戶和增長客戶。

地產經紀常被主管要求每星期發掘五位新客人，一年累積便有二百四十位，理論上應該發大財，但實際效果並非如此。由於時間及資源有限，篩選具開單潛質的客戶顯得更重要，再將揀選出來的客戶訂下優先服務次序，然後才開始出擊。至於揀選大熱門抑或是大冷門，則要考個人眼光及能力了。

說到留住客戶，指的當然是舊客、熟客、與你已經建立個人關係的客戶。地產公司不太重視客戶管理系統，常靠經紀自發性應酬，對比保險公司、銀行、慈善機構及電訊公司等的處理客戶制度，則粗疏得多。有某小型經紀行的老闆，過年過節贈送鮑魚及燕窩給重要客戶，將其他送座枱月曆、間尺及 memo pad 的行家比下去。另外，該老闆偶設飯局，邀請三五熟客同樂，偶爾更至澳門旅遊。有研究指出，發掘新客戶所需的資源是留住舊客的五倍，而舊客重複消費在你身上的機會亦較高。有沒有較便宜又能留住客戶的方法呢？有位老闆曾經提示，偶爾要在客人公司露面，閒談幾句，令老

發掘客戶、留住客戶及增長客戶，核心概念是關係。

闆覺得你是長期以他作最重要的客戶，一切以他為重。

增長客戶是指令客戶重複消費在你身上、或購買更高價值的產品。市場上有不少客人慣性光顧同一位經紀，若想到方法打破此局面，便可以分一杯羹，甚至取而代之，擊跨對手留住客人的陣勢。較新的概念是顧客份額，而非市場份額。顧客份額即是在顧客購買同類產品中你所佔的比例。要爭取顧客把希望消費的預算，大比例地由你所包攬，正如超級市場，客人一入門口，除了買食物及日用品、甚至擴大至電器、電腦及傢俬等，務求令顧客袋中的金錢，全部進貢到你肚子裏。

發掘客戶、留住客戶及增長客戶，與及提供服務等的工作，其核心概念是關係。關係並非一朝一夕可以建立出來的，建立好的關係亦並非牢不可破的。所以作為服務性行業，尤其是處理貴重產品的地產從業員，別要只空喊「顧客為本，服務為先」的口號，最好弄通如何維繫客人關係，找出長治久安的營商大道。

跑數改變未來

早幾年香港掀起一股罷工潮，維他奶及雀巢的員工紛紛揭竿起義，爭取改善底薪及佣金制度。據報章報導，該批員工屬送貨部同事，底薪約六至七千元，佣金按貨額計約五點幾至八個巴仙，底薪已多年無甚調整，佣金甚至因為貨品打折出售而降低了。如果罷工者要求資方加薪加佣金可以改善生活，那可奇怪了，地產代理這麼多年來，好像未聽聞過有罷工要求加薪加佣的。

地產代理的底薪由五千多起，最高不過九千元，有能力賺老闆過萬元底薪的已是能人異士，而佣金由 10 至 50% 不等。地產代理入息的計算性質跟雀巢送貨員工差不多，長期處於低收入的同事又佔大多數，假如這群人士也聯手罷工爭取加薪加佣將如何？

首先，地產代理的佣金即使加至90%，如果營業員無單開，佣金收入始終不會增加；跟雀巢員工不同，公司不會指定你送貨至某店，按貨額拆佣金給你；經紀要自製生意，交易次數愈多，佣金收入就愈豐厚。如果自問不須倚靠大型經紀行的資源，坊間拆佣高至五成以上的細行多不勝數。又或自立門戶，賺取百分之百的利潤。惟獨罷工要求加佣是最不切實際的做法。

低底薪的作用

其次是底薪，經紀的底薪未能應付飲食應酬交通支出，是人盡皆知的秘密。大型經紀行每年會加薪一次，而且要視乎業績高低。

經紀享低底薪，是要時刻推動他們努力工作。

經紀僅享低底薪，是要時刻推動他們努力工作，否則便不能養活自己及家庭。

地產代理是一個「跑數改變未來」的行業。只要申請人中學畢業及領有有效地產從業員牌照，便可以在業界馳騁沙場。我有一位朋友是業界的經典人物，入行前從事運輸業。二十年前有次他離遠看見舊公司的貨車駛過，連忙搶過同事的手提電話，一邊假裝在商談生意，一邊與貨車上的人打招呼，突出自己的專業形象。他憑一股傻勁，加上外形獨特，十數年間已成為公司副舵手，後來更自立門戶，在行內赫赫有名。

環視現今很多出色的營業員、主管、董事或是大小經紀行老闆，他們大多沒有大學學位或名門出身，靠的就是自己努力跑數，「將相本無種，男兒當自強」。行內檢討成功的標準絕對簡單清晰，「跑數改變未來」。

管理

CHAPTER **04**

篇

魔鬼推銷員

入行之初，地產代理未有發牌制度，在社會上的地位比現時更低，新加入代理行列，一心只想入息豐厚，沒想到想過爭取甚麼專業地位。新丁入伍，上級就教授當地產代理要「快、準、懇、貼」。我們售賣的是資訊，不是勞力；提供的是服務，必須以顧客為先。但凡牽涉資訊，最重要是「快、準、多」。於是我們要進行一連串基本工作，包括更新資訊、推出新盤、聯絡新客戶、推銷及填報告等。當年跟上司學師，我當然言聽計從，若能促成成交，更會宴請上司。另外，公司聚餐時，老闆上台致詞，大家都肅然起敬，彼此相處融洽。

地產代理人數在經年間漸增至超過三萬人，部份地產代理界的傳統做法漸漸失傳。從前地產代理都懂徑自做基本工作，負起職責。近年我聽行家説，部份下屬認為基本工作應該由其他同事負責，自己僅需要促成交易。另外有上司希望同事主動聯繫活躍投資者，但下屬卻唯唯諾諾，未有跟進，認為此舉是浪費時間。

逐漸，問題繼續擴散。下屬就期限上司自己跑數，促成交易的佣金應該和團隊平均分派。若然別組的主管促成更多成交，下屬會給臉色給上司看，以示鞭策。若有三言兩語頂撞，下屬即要求轉至其他組別，以組別解散來威脅上司。個別下屬更明言：「開單沒有提供五百元開單費？促成交易沒有提供一千元獎金？」漸漸地，上司變成下屬，推銷員變了主管，推銷員管理主管去做生意。

走火入魔的代理

最近聽過一則更嚴重的個案。一位成績突飛猛進的營業員，做過幾宗大額成交後，妄自尊大，竟要求自己促成的生意，主管應得的分成都要轉給他。他認為，生意由他一手促成，主管沒有協助，佣金固然僅屬於自己；而同時，因團隊業優異，主管的公司排名得以提升，所以功勞和分成都應該歸於自己。

早年警隊出現「魔鬼警察」徐步高，他身材健碩，體能極佳，又嚴格鍛鍊槍法，左、右手均能開槍。可惜他走火入魔，不但打劫銀行，更搶走同袍配槍並擊斃同袍。其實以他敏捷的身手，加上亮相於百萬富翁電視節目的勇氣，應該是警界的中堅份子，他的成魔之路令人大惑不解。

地產行業出現「魔鬼推銷員」。

現在地產代理界出現了「魔鬼推銷員」，這群走火入魔的代理，相信如果沒有中病毒的話，未嘗不是代理界的精英。相信公司及主管們應盡快做好防範措施，感染了病毒的同事，仍處於初期者，快清除現存程式，重新安裝「家好月圓」系統軟件。已變身「魔鬼推銷員」的同事，相信DNA裏面的染色體已喪失了「情」和「義」兩條，索性人道毀滅算了。

Sales 的層次

地產經紀咭片，你懂得分出高下嗎？

如果你手上拿著兩張同一間地產代理公司咭片，一張印上高級客戶經理，一張印上聯席董事，究竟哪一位在公司有更大話事權呢？當遇上首席聯席董事找你，然後又有一位高級聯席董事接觸你，你知道哪一位董事的職位較高呢？那麼咭片上只印著物業顧問或 Estate Agent 的，是否又不該幫襯呢？

其實以上職銜全是地產經紀的職銜，並無管理層或股東老闆的成份。近年的「職位通帳」Title Inflation，造就了許多新職位名稱，以往在社會拼搏十年也未必能爭取到某個職銜，今日飛進「尋常百姓家」中。要在咭片上印上令人羨慕的職銜，當然要跟循公司的晉升機制。既然經紀分成不同職銜，那麼他們的分別在哪裡？

從營銷行業的角度來看，業績肯定是首要的評核元素。經紀本身固然是以跑數多寡分高下，公司年終頒發的獎項亦以營業額高低作標準。除此以外，Sales 的層次相信在很多人心中還是有高低之分的。

市場上膚淺的 Sales 多的是，Product Knowledge 一竅不通，只求快速做成生意，嘮嘮叨叨，一套硬銷的口吻，「抵到爛，唔買就笨」，重覆又重覆，自己卻對該個物業抵在哪裡也未清楚。曾經有一位香港鋪位經紀的笑話是這樣的，經紀跟客人說：「陳老闆，介紹一間靚鋪給你，在粥街，人流旺得不得了，趕快去看看。」陳先生道：「邊度粥街呀，無乜印像。」經紀續說：「旺角的粥街，對正火車站的天橋上落電梯，人山人海㗎。」陳先生接著勞氣地說：「係粥街，唔係粥街，唔識字咪打嚟！」Cut 綫。

顧客眼光是雪亮的

笑話也有層次之分，鹹濕笑話可稱為抵死，掟蛋糕是滑稽，講爛 Gag 是灰諧，棟篤笑是風趣，政治漫畫則夠幽默。Sales 跟笑話一樣，也有層次之分。在老闆的角度來看，對不同層次的經紀自有不同的期望。基層經紀，但求跑夠 Quota，公司不用蝕底給你就算了，沒太大寄望。這類同事會以私人利益掛帥，並未與公司產生深厚交情，歸屬感不強，輕易會離巢別去。當 Sales 有了一點年資，成績達到基本目標，基礎工作亦交足了功課，晉升職位及職銜一級。這類同事會感恩公司的提拔，凡事以公司名譽及利益先行，經常會聽他們對客人說：「已經有人跟進了？是否我們公司的同事，

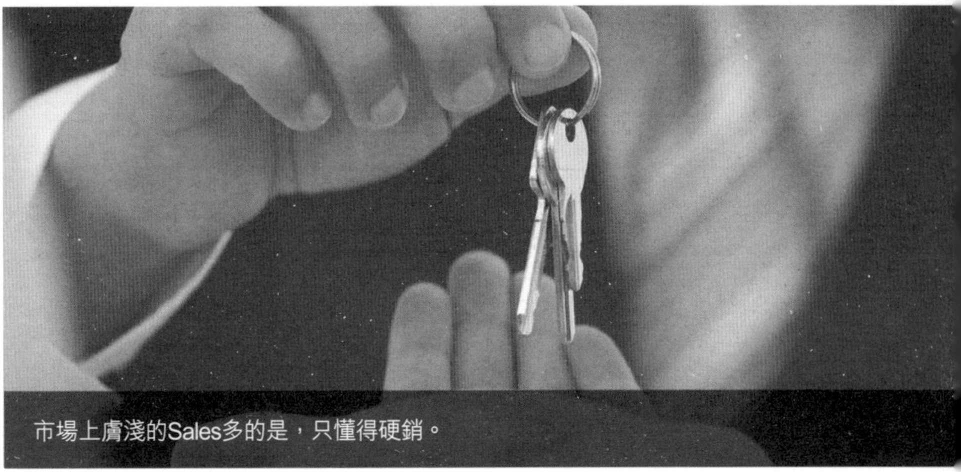

市場上膚淺的Sales多的是，只懂得硬銷。

最重要是經我們公司促成，誰人都無問題。」一年資長，成績優越再升一級，職銜去到董事級，理應為公司鞠躬盡瘁，與公司榮辱與共，為管理層護航，為部門樹立良好榜樣，扶掖後晉，替公司爭取行業上更大成就，成為Sales中有深度的一層。

在實際情況下，分了級別的Sales是否又肩負起數字上和道義上的責任，這就很難説了。近年因樓市蓬勃，各大小代理行都大肆擴張，對招聘及挽留營業員各出奇謀，Title Inflation 已是司空見慣的招數。Sales 見工，先問底薪多少，Title 是甚麼，公司對 Sales 要求的工作指標反而沒興趣多談；要預防 Sales 遭行家挖角，還談甚麼數字上、道義上的責任，夠數就儘管升職好了。好些管理人在背後已臭罵著一小撮甚麼客戶經理、甚麼營業董事，說他們是騙子、老千，又不顧紀律、不做 Groundwork，一味蛇王，最愛檢現成著數，損人不利己。總之數落得一文不值。其實大家之前沒有講清楚咭片背後使命，現在可以埋怨誰，不如趁市道稍靜，好好反思前因後果罷。

再換一個角度來看，顧客的眼光是雪亮的，經紀屬於那一個層次，有否站在顧客的利益立場去服務，能力上可否應付，經歷接觸後自有分曉，不會在乎咭片上的職銜。一個最高層次的 Sales，在顧客眼中，可能就是一個肯做回基本本份的 Sales，其餘的，也就是奧巴馬所說的名句：塗了口紅的豬，仍是一頭豬。

有壓力　要解決

地產代理行業是一份需要應付重大壓力的職業。在面試時，主管會問應徵者，做經紀很大壓力，你有能力應付嗎？如果你答有，公司日後就相信你有辦法解決壓力。地產公司招聘人才，一網撒下，有生存能力者可以留下，不達要求或承受不了壓力者出局。既然有本事留下，就要應付壓力。

那些年，地產代理當選為最不受尊重行業。二零零八年金融海嘯，地產代理又被標籤為最首當其衝會被裁員的行業。在地產市道疲弱、成交萎縮的時候，地產經紀要面對硬仗，當然是有壓力。我在這個行頭多年，除了同事三五成群放工去酒吧談天減壓，未遇過有主管正視經紀壓力問題。

壓力對不同人各有影響，主要視乎其性格及觀念。一般公司認為有壓力等同有推動力，壓力與表現有關連關係，一定程度的壓力會提升表現，但當壓力達到某一水平，便會使表現下降，如圖所示。很多主管只懂恐嚇經紀，不懂與下屬分析當前局勢及尋找解決方法。即使員工沒被裁走，壓力會窒礙他的潛在能力。

壓力來源有多種，絕不只限於經紀每月「跑數」的壓力。有些壓力具有積極的激勵作用，令表現提升；有些則變成消極壓力，令表現下降。從個人層面來看，常見的壓力有家庭關係，例如父母對你的要求、經濟狀況問題、感情問題及個人健康問題等，皆會對員工的工作態度及行為有一定影響，主管不能無視這些狀況，應該深入了解及協助，改善表現。

工作層面的壓力很多元化，經紀要達至的營業額相信令人感到最大壓力。一般營銷企業會訂一個必須達到的營業定額，例如是平均數每月六萬八千元，每三個月或半年結算一次。除非確信經紀有足夠能力，否則主管應給予團隊工作方向和實際行動指導，針對經紀的強弱加以輔助，務求共同努力爭取達到目標，採取自生自滅的管理手法，只會增加經紀的壓力及無助感。

壓力的來源

除了營業額，工作量的制訂必須合理，工作量過多會產生負面壓力，令員工感覺工作似是永遠做不完，永遠得不到上司的讚賞。不能因市道不景氣而無限增加工作量，例如成交量下跌，團隊增取多開新盤源、新客、獨家代理工作等都屬正常，但不能矯枉過正，最好是與同事們一起商議決定，切勿一意孤行。相反，工作量亦不能過低，否則由無所事事產生的不安壓力，會導致員工胡思亂想。

收入減少直接影響個人及家庭生活，是構成壓力的重要元素。既然收入減少是預計之內的事情，唯有及早準備應變措施才可舒緩壓力。公司應提醒同事成交將縮減，生意要大小通吃，諸如開盤費、合作做單及按揭轉介等都不能放過。另外要盡量節省日常無謂消費，盡量儲備糧草作長期作戰。但如果你的經濟問題

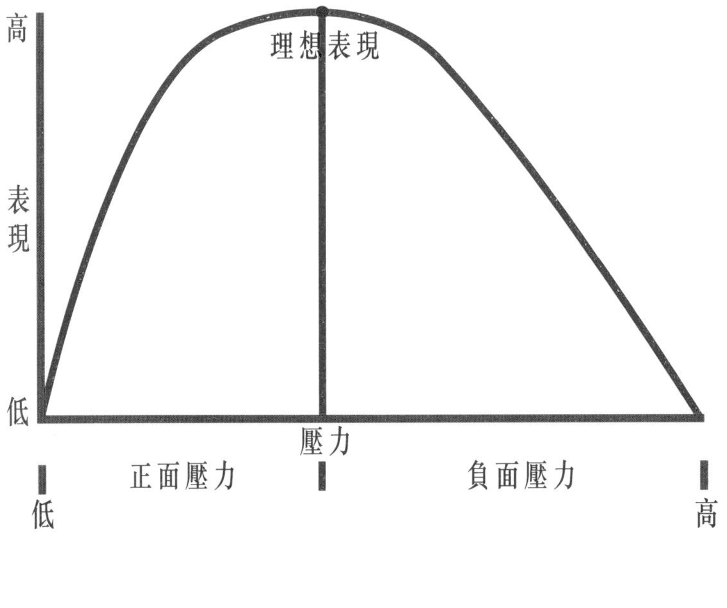

已嚴重至今天無錢開飯，則已經超越了壓力問題，相信主管也解決不了。

恐懼裁員的壓力亦無可避免，影響所及，生理上可以令人失眠、頭痛、胃痛、心跳、冒汗及血壓高等；心理上會導致神經緊張、焦慮、情緒低落、甚至產生暴力或自殺傾向。一間公司不能擔保絕不裁員，當無可避免要裁員時，應盡早通知員工，提供輔助服務及發放公平合理的遣散費。裁員後的生還者不免存有壓力，恐懼成為下一批被裁人士，公司更應照顧他們的情緒，以免影響生產力。

在與工作組織相關的層面上，仍有不少產生壓力的因素。正如新同事與舊同事的相處、經紀與經紀間的鬥爭矛盾、上司下屬的了解信任程度等。此外，工作時間的長短、假期的安排、工作環境的舒適度及安全感等，亦對不同人士產生不同的壓力。這些看起來像無甚大事，有時員工跳槽或經常缺席與此不無關係。

減壓的方法

至於對付壓力的方法，以下節錄了管理書的一些建議：

針對情緒的對付方法：

運　動——運動有助舒緩壓力，如緩步跑、游泳、打波、健康舞、健身等。近年國家總統及企業CEO等都熱衷於以做運動來減壓及瘦身；

冥　想——放下工作，每天用三十分鐘時間，在舒適寧靜的環境下沉思冥想，盡量令自己放鬆，或可經專人指導下進行，效果更佳；

社交支持——當感覺有壓力，找朋友、親戚、同事或其他關心你的人傾訴，或徵詢意見，或找人陪伴聽你吐苦水；

專業輔導——若然自己真的無法應付，可找專業心理醫生或精神科醫生輔導，不應拖延；

公司支持——公司應主動關懷同事困難、聆聽投訴、一起商量解決辦法，並作適當調動配合，盡力減輕員工壓力；

上司鼓勵

提升自信——上司應經常鼓勵下屬，使他們相信自己有能力成功，常用的方法包括讓下屬爭取小事情成功，然後再將難度逐步提高；指出其他獲得成功的員工跟他情況相類似；對下屬寄予重大期望及向員工表達對他們充滿信心等。

針對個別問題的對付方法：

角色討論——主管與下屬討論角色，如是否超量工作或工作量不足、工作崗位是否清晰或有否人事關係問題等，應釐清權責或作出適當調動，舒緩員工壓力；

時間管理——教導員工運用時間管理方法，有效地應付工作及協調私人生活。員工可列出須完成的眾多工作，然後按優先處理次序排列，再評估完成所需的時間，或決定放棄部份無關重要的工作；

找導師指導——導師（Mentor）可以是公司內較具經驗的員工，由他們個別帶領有需要輔助的員工，利用導師的實戰經驗及技巧支援，減輕工作壓力，但大前題是公司有合適及願意作為導師的員工幫助；

公司透明度——有關公司的方向、員工的前景，應盡量向員工清楚説明，使員工產生安全感；

權責清晰度——讓員工參與決策過程，令員工清楚自己的工作意義、公司目標，加強溝通，減少誤會，使員工對自己的表現更有責任感；

提供培訓——公司提供在職培訓，加強員工工作能力，或支持員工學習相關技能及知識，令員工增值，強化自信心；

其他方法——較少於香港推行，例如由公司提供地方作托兒服務、容許部份工作在員工家裡進行、彈性上落班時間、一份工作兩、三個人共做、公司贊助專業心理輔導及醫療、提拱特別假期給員工休息或充電等。

最無效的方法：飲酒麻醉自己、吸毒及暴飲暴食，不但解決不了壓力問題，反而再增添更多問題。

壓力對心理及生理方面影響極大，無論順境或逆境時均會出現，普通員工難以獨自面對。在艱苦時期，作為打工仔，要靈活變通，學懂甚麼叫壓力，如何用辦法舒緩壓力。

消失的觀念

多年前內地三鹿集團製造含化工原料三聚氰胺的奶粉，導致飲用受污染奶粉的嬰兒患上腎結石。當時中國國家總理溫家寶不禁要問，「這麼大的企業，究竟還有沒有企業良心？」其實所有組織或機構都應該設定一套工作道德守則，即道德及倫理體系，以規範員工的思想及行為，讓管理層及員工擁護同一套工作守則、信念及價值觀，令同事之間互相監控。可惜新一代覺得守則老土，衍生出另一套反其道而行的標準，傳統的道德觀念逐漸消失。

從前員工遇見老闆或上司時定必恭必敬，叫道「經理早晨！」主僕之情雖有階級之分，惟能互相尊重，感情歷久彌新。時聽說有同事指「某某是我以前的上司，教曉我很多知識」，說話之際，雙眼仍充滿感激。然而，不知從何時開始，同事的思想改變了，他們稱自己為公司的合作伙伴，對外說公司靠他謀利。老闆和他既已是拍檔，那麼主管就更沒有影響力，雙方沒有階級之別。漸漸地，同一想法的一群員工，變了無政府主義者。

企業組織推崇團隊精神，希望發揮全體員工的合作性，分享資源，增進跨部門合作，以達致協同效應。組織的團結力量，至少能維繫同事關係，互相提供最新最準確的資訊，互惠互利。公司即使沒有設定同事合作制度，也會努力貢獻，務求家家有求，以公司利益為大前題。同時亦可豐富公司資料庫，壯大物業資訊基礎。

樹立道德規範

然而，無形的合作制度逐漸崩潰。地產代理現時對公司內聯網中的盤口資料半信半疑，必定要親自求證，何解？原來前輩隱瞞物業最重要的通訊資訊，變相逼使同事要與自己合作，佣金便可分一杯羹。個別同事表示做法是為公司著想，如果將真確資料悉數上載至互聯網，資料不消半小時便會傳到對手，有損公司利益。

每天上午九時半至十一時最能反映員工道德水平。十多年前的地產經紀，九時前趕回公司，一邊攤開報紙做剪報，一邊咬下麵包。若同事至九時半仍未完成早餐，則心生愧疚，向主管致歉。隨著時代巨輪轉動，不少經紀亦改變吃早餐的習慣，聯絡行內的三兩知己吃早餐，互相通報重要資訊，反而對公司早會敷衍了事。

物業買賣牽涉巨額資金及利益，雖有法律條文監督及保護買賣雙方的利益，當中仍有灰色地帶。個別同事功利掛帥或心存僥倖，透過言語及行動玩弄法律的灰色地帶，例如無申報利益下買入物業及隱瞞造假等，務求賺取更高利潤。公司若沒有一套道德體系規範同事行為，恐怕會出現不少挑戰法律底線之舉。

抗誘力

通往最佳營業員的獎台沒有捷徑，要靠一級一級爬上去，這個道理人盡皆知。努力的過程中，營業員要抵抗大量外來誘惑，缺少了這種能耐，要成功便變得遙遙無期，這種能力簡稱「抗誘力」。

經紀行業是誘惑最多的行業，先不談偷呃拐騙的惡行，單是時間運用，便要經歷重重障礙。「生行街，死掌柜」，老闆不會要求經紀乖乖坐在辦公室，下屬睇樓、與客人會面、巡視各物業，全都是戶外工作。經常不在公司的下屬，理論上應該是最勤力的好員工，但有部份營業員藉公司賦予的自由度在外胡天胡地。

在外的營業員此時正內心交戰：究竟聯絡新客戶好，還是與同事下午茶好；是巡視新樓盤好，還是和行家吃喝玩樂好。新戲上畫、百貨公司大減價、做美容護理和按摩，誘惑無時無刻都在折磨你。曾經有一名地產經紀，終日不在辦公室，成績一般，卻是公司年資頗長的員工。主管對他的表現頗為不滿，於是託私家偵探跟蹤該名經紀。最後私家偵探證實該經紀每天到遊戲中心玩樂，最終經紀自動辭職，減去公司一項負資產。

向豬朋狗友說不

員工下班後又面對另一番誘惑。當時劇集流行專業人士下班後到酒吧消遣，地產代理趕上潮流，常與同事到酒吧聚會喝酒，有時更會玩樂至通宵達旦。稍有自制力的同事多會拒絕參與歡樂時光聚會，但同時又不好意思多番推卻。經紀行業交際應酬無可厚非，但

你是否敢於向無回報、無價值的應酬說不？

如果把時間用在應酬客人、發展商或聯誼客戶的要員，應酬就更顯得有價值，你是否敢於向無回報、無價值的應酬說不。

用豬朋狗友來形容帶壞你、與你一起迎接誘惑的人，實在貶低了豬和狗的品性。假設你在一班煙民朋友面前宣佈戒煙，他們仍然會慷慨地向你遞上香煙，直至你忘記了戒煙承諾。又假設你想報讀進修課程，一星期兩晚，每晚兩三小時，但偏偏拒絕不了損友們去歡樂時光的邀請，利用藉口說服自己放棄進修。

有一個有趣的故事，諷刺豬朋狗友的威力。有個住在湖邊的村民拿着籃子去捉蟹，他把捉到的蟹放進籃子內，然後又去捉另一隻蟹。可是到他把捉獲的第二隻蟹放進籃子的時候，第一隻蟹已經爬走了，如是者多次也是這樣，由於收穫稀少，常受家人責罵。有一天，他決心要捉多幾隻蟹回家，於是決心加快步伐捉蟹。當他捉獲第一隻蟹放進籃子後，趁牠尚未爬出籃子，飛快再去捉第二隻蟹放入籃中，然後又急步去捉第三隻。奇怪的事發生了，他一連放了九隻蟹下去，蟹竟然一隻也沒爬出來，他大叫今天走運了。到他拿着第十隻蟹準備放進籃子時，他發現了事實的真相。原來每當有蟹想從籃子爬走，其他的蟹就會用蟹鉗把牠拉下來，所以籃子內的蟹便全部得以保留。

要踏上青雲之路，千頭萬緒，其中原來還包括要擺脱誘惑，向豬朋狗友説不，向「蟹鉗」還擊。

地產主管的悲歌

地產經紀商談生意期間，發現客人是直屬上司的舊客戶，經紀遂邀請上司協助，並將三份之二的佣金分給上司。後來東窗事發，雙雙承認干犯了行賄受賄罪。類似的事件多如牛毛，如果曾做過這類行為的經紀或經理自首，地產代理人數將明顯下降。

經理及下屬私相授受，為何會變得如此普遍呢？這或是一個結構性的錯誤。地產代理公司在市道暢旺時不斷擴張，住宅開設大量新分行，規模突然膨脹，公司需要發掘一批新主管管理新團隊。公司升經紀為主管，一般要求員工年資長及業績佳，更要對公司有歸屬感，令下屬有模範可學習，公司業績便能遞增。然而，公司對主管的管理技巧及學問卻不大重視，任由主管自行決定管理團隊的方向。一向從事銷售工作的經紀，一旦晉升為管理人員，問題自然發生，或會毀滅了一個最佳營業員，創造了一個劣質主管。

主管的收入主要是來自團隊的生意額，佣金計算視乎人數多少，人多生意少，收入則非常微薄；人少又擔心生意脫腳，要拉攏精英加入，也是難事一樁。到個別下屬「爆大數」賺取豐富佣金時，自己收入卻比他少一大截，心中的滋味如打翻調味架，甜酸苦辣在心頭。

不少主管都是傑出經紀，性格熱情外向，樂觀主動，堅毅勇敢，友善合群。偏偏下屬表現未如理想，當生意壓力降臨時，主管們都暗自盤算，寧願走到前線促成成交，也不會單靠下屬賺錢。

主管經常會質疑自己：我應該做甚麼，為何我要選擇做主管？自己的舊客熟客尋求協助，豈可假手於人，索性自己一手一腳完成交易。生意成功促成後，佣金怎樣分配好呢？把它平均分給所有下屬，以示公平。有人卻會説為什麼要分錢給那些不事生產的壞份子呢？把佣金分給當月業績最好的三名下屬？其他隊員又會投拆自己忘恩負義。哪不如自己賺取所有佣金吧，下屬則一定抱怨自己自私自利。

地產代理文化獨特

經紀找主管協助與客戶談判實為理所當然，主管的主要功能之一就是領導下屬做生意，努力達成公司目標。下屬碰著主管的舊客，處理方法比遇到新客戶簡單，理論上已減輕了主管的工作量，為何倒過來要向經紀收取額外報酬？客人是主管的舊客，而客人卻未有知會他，反映主管對客戶關係處理不善，主管更沒有理由要求下屬分佣給他。

地產代理文化獨特，多個職責部份都可要求分佣，例如轉介客戶、幫手睇樓、代忙碌的同事上律師樓簽文件等。部份主管戒除不了跑數的習慣，仍未接受管理工作與經紀工作的差異。主管自己跑數，跑到生意便找下屬報數予公司，出佣後由下屬扣起協議好的比例，其餘交還主管。

今次犯事的主管，要求下屬退回三份之二佣金，就算不計扣稅與否，這個比例相當高，市價多數是經紀與主管對半，稅項由經紀負擔，這樣合作會較為長遠。行內稱呼這類接收主管生意的經紀做「Banker」，負責存放主管生意，隨時給主管提款，有些Banker甚至成為主管的代言人，在公司地位崇高。今次這位主管破壞了行規，或者是受涉案的經紀高佣引誘，引起了其他 Banker 不滿，認為長遠剝削了應有利益，於是向廉署舉報。亦有可能這位主管從未做過這類行為，不懂規矩，給行家告發祭旗，殺一儆百。

有一則管理故事是這樣的，蠍子在河邊對青蛙説要過河的對岸，要求青蛙揹牠過去，但遭青蛙拒絕，因為如果讓蠍子坐在背上，萬一蠍子中途咬青蛙一口，青蛙便會因好心而被殺。蠍子則反駁道，如果真的中途咬死了青蛙，自己也會掉進河裡淹死，怎會如此愚蠢。青蛙覺得有道理，便揹著蠍子游過河，豈料蠍子真的在中途咬了青蛙一口，青蛙臨死前很詫異為甚麼蠍子明知自己也會淹死都咬下去，蠍子回答道，我也不知點解，總之就是忍不住要咬你一口，要死也無辦法。

結業的迷思

當一家公司的生命走到盡頭，在遣散員工的一刻，派支票的、收支票的，心裏會想著甚麼，嘴裏會說甚麼？「我條命叫一將功成萬骨枯，祝大家在市場一帆風順」，抑或是「天下無之不散之筵席」、「希望日後有機會再和你合作」之類的說話？

在全球性經濟衰退壓境下，公司結業就像狂風吹落葉，是如此迅速、如此隨意，滿地的樹葉回望光禿禿的樹幹，欲言又止，各自飄散四方。

猛地想起工作時的老闆、上司、同事，他們與我日夕相對，見面比家人還多，怎麼一下子就灰飛煙滅了。相比只有拜年和家族飲宴才寒暄兩句的親戚，並肩作戰的同事當然較親近。

失業的一腔怨氣，都投放在那些「害群之馬」身上。作為一個主管應該及早鞭策同事，公司亦不應該聘請業績欠佳的經紀，最終拖跨公司的營業額。有管理學者說，員工須成長於有值得模仿的優秀對象的環境下，成績及進度才會理想。何解我如此命苦，被安插在一群庸碌之輩中。如果我能發揮潛能，公司也不至淪落至此。

雖然我在數月內都未能促成生意，我有準時上班及完成基礎工作，理應賺取公司的底薪。你看陳仔，開會時態度輕浮，對主管的質詢諸多辯駁。不過如今大局已定，我要盡快應徵另一家公司。

歷史的教訓

一盤生意，突然要總結為何一敗塗地，千頭萬緒，真的不知從何說起。說市場沒有生存空間，事實是仍有很多行家繼續營業。說是管理不善，但平常在工作上大家有建議及檢討，工作過程正常。說是用人不當，例如甲同事要更圓滑、乙主管要嚴格監察下屬等，局面可能可以扭轉。抑或是成本控制出錯，但同事們都說公司孤寒，差點連廁紙都要逐格派，這方面絕對做得出色。

總結了前因後果，該是時不利兮，非戰之罪。至於其他行家，「他朝君體也相同」，等着瞧罷。

公司雖然解散，可我們幾個精英份子，應該不愁沒有落腳處，以往各大公司定期都對人才挖角。一代梟雄曹操，也求才若渴，屢次招攬敵對陣營的關羽。行家定必樂意接收一支一時失意的猛將部隊，這一着棋，既替行家贏得慧眼識英雄的明主稱譽，又可吸納市場才俊，更可抵礪陣中兄弟的競爭意識，勝過全版大勝行家的報紙廣告。

不過歷史教訓的故事多的是，三國時期落泊流離的劉備，帶着結義兄弟及一眾士卒，前往投靠益州劉表，本意為着安頓家小隨眾於亂世，一心成就他人霸業。當時贊成及反對收編劉備的聲音皆不少，到最後劉表收留劉備於軍中，但既不敢予以重用去抵抗曹操，又引起內部意見分歧，削弱了威信及軍力，最終難逃厄運。以史為鏡可以知興替，天下哪有人讚過劉表是大英雄。

世事變幻無常，唯有以無比魄力去迎接挑戰，無須有怨恨，能夠共事一天也算是緣份。山水有相逢，當下次再聚的時候，可能大家已忘記了上次為何會分開，又去投身另一個商業生態的循環不息。

誰是管理強者

因工作關係我認識不少管理人，處事的風格不盡相同，有些充滿火藥味、有些棉裡藏針、有些飄逸出塵，得出來的效果也大異其趣。作為主管者，必然對自己充滿信心，才有感染力去領導他人。

我個人較欣賞有「強者」風範的管理人。所謂強者，當然是有力量統領屬下，又具有管理魅力的人。這類型的主管可能是天生的管理人，舉手投足令人心悅誠服，使同事對他言聽計從。要解構這種魅力，從中偷師，相信是很多管理人感興趣的話題。

管理人的職責之一就是領導同僚邁向成功。

強者擁有高超的思考能力，對分析問題有獨到見解，其精闢的觀點會贏盡同事的掌聲。強者說話能舉一反三，例不虛發，令反對者瞠目結舌。強者臨危不亂，一派氣定神閒，充滿壓場的風采。精銳的眼神掃射，也是厲害的殺著，四目交投時已控制了對方的神經中樞。

伶俐的口才能俘虜人心，由總統候選人、立法會議員、電視節目主持人至部門主管，必修科目一定是口才學。一手拿咪高

音徐徐輸出，將危機化解於無形

研究，參考觀摩的。強者管理人一定會珍惜每次講話的機會，希望令反對派折服。

強者的工作態度

強者的工作態度較樂觀豁達，縱有艱難重重的使命，亦會積極應付。營銷行業經常遇見的問題，要推銷一件缺點多多的貨物，強者主管就會告訴你要極力找出它的優點。管理人的職責之一就是領

A MONEY 優財

經紀之歌　地產代理的自我修養

作者：　潘志明
責任編輯：　Nathan
版面設計：　楊民傑
出版：　A Money
圖片：　Pixabay，PEXELS，StockSnap.io，PAKUTAS
電郵：　big4media@yahoo.com.hk
發行：　香港聯合書刊物流有限公司
地址 香港新界大埔汀麗路36號中華商務印刷大廈3字樓
電話 (852) 2150 2100
傳真 (852) 2407 3062
初版日期：　2017年10月
定價：　HK$128
國際書號：　978-988-14283-5-6
台灣總經銷：　貿騰發賣股份有限公司
電話：（02）8227 5988